JN076710

# システム安全入門

長岡技術科学大学システム安全専攻 編著

養 賢 堂

# はしがき

　本書はシステム安全の入門書として編纂した。長岡技術科学大学では 2002 年度から大学院工学研究科機械創造工学専攻内システム安全コース（社会人の修士課程）を設置、その後 2006 年度からはそれを発展させた技術経営研究科システム安全専攻（社会人の専門職修士課程）を設置した。この 10 年余の間に、専門職学位課程の高度な実践的職業人の輩出と共に、本学の博士課程後期内に安全パラダイムコースを設置し、将来の先端研究者・技術者になる学生に在学中に安全の基礎を学んでもらい、研究成果が安全に世の中で活用されるための基礎知識を習得することを目的とした教育も行ってきた。また、本学は高等専門学校（高専）とのつながりが強く、一体感を持って運営されているが、システム安全専攻設置以降、定期的に高専の先生方と協議を重ねてきた。この中で、学生が安全の基礎を勉強する教科書が必要であることが分かってきた。

　本書はこのような要請に基づいて企画された。したがって、安全に関する事前知識は前提としていない。

　第 I 編は安全の考え方、国際規格、ガード等の基礎を示した。第 II 編はリスクアセスメントの切り口から、第 III 編では法令と技術者倫理の側面から、システム安全の基礎を示した。

　本書の準備中に、安全規格の根幹である ISO/IEC GUIDE 51（10 ページ参照）が 2013 年に改訂された。その対応規格である JIS Z 8051 も改訂版が 2015 年 12 月に発効した。基本的なことは変わっていないが、リスクアセスメントの実施手順を示す図が詳しくなった。その一環で旧版の手順の図（58 ページの図 13 など）から新版の図（16 ページの図 5）となった。どちらも、リスクアセスメント－それに基づいたリスク低減（保護方策）の実施の反復を示しているという点では同じであり、むしろ旧版の図の方が単純化されていてわかりやすいと考えたので、本書ではあえて旧版の図を使用している。

　本書の編集過程では、本学修士 2 年生の中村貴広君には献身的な協力を頂いた。彼は修士論文作成過程で安全の国際規格に精通し、その知見を編集上の作業で活かしてくれた。また、かなりの枚数のイラストを、システム安全専攻修了生の家田典和氏（セイコーエプソン株式会社）に描いて頂いた。氏はシステム安全専攻の修了生であり、本書の内容を十二分に理解しているので、要所を押さえた的確な図を作成してくださった。ここに記してお二人の協力に深甚な謝意を表したい。また、養賢堂の三浦信幸氏には出版に関して相談にのって頂き、嶋田薫氏には編集の細かな点まで検討し指示頂いたおかげで、本書の体裁が整ったことに感謝いたしている。

平成 28 年 5 月 8 日

編著者代表　福田　隆文

# 編著分担

全体調整・第Ⅰ編　　長岡技術科学大学システム安全専攻　　教授　　福田　隆文

第Ⅱ編　　　　　　　　　　　〃　　　　　　　　准教授　木村　哲也

第Ⅲ編　　　　　　　　　　　〃　　　　　　　　准教授　岡本満喜子

# 目　次

# 第Ⅰ編　安全基礎工学

本テキストにおいて紹介される規格一覧

| ISO または IEC 規格 | 対応 JIS 規格 |
|---|---|
| **ISO/IEC Guide 37:2012**<br>Instructions for use of products by consumers | **JIS S 0137:2000**<br>消費生活用製品の取扱説明書に関する指針<br>（ISO/IEC Guide 37:2012 版は JIS 化未完） |
| **ISO/IEC Guide 50:2014**<br>Safety aspects - Guidelines for child safety in standards and other specifications | 無し |
| **ISO/IEC Guide 51:2014**<br>Safety aspects - Guideline for their inclusion in standards | **JIS Z 8051：2015**<br>安全側面－規格への導入指針 |
| **ISO/IEC Guide 63:2012**<br>Guide to the development and inclusion of safety aspects in International Standards for medical devices | 無し |
| **ISO/IEC Guide 71:2014**<br>Guide for addressing accessibility in standards | **JIS Z 8071:2003**<br>高齢者及び障害のある人々のニーズに対応した規格作成配慮指針<br>（ISO/IEC Guide 71:2014 版は JIS 化未完） |
| **ISO Guide 78:2012**<br>Safety of machinery - Rules for drafting and presentation of safety standards | 無し |
| **IEC Guide 104 Ed.4.0:2010**<br>The preparation of safety publications and the use of basic safety publications and group safety publications | 無し |
| **IEC Guide 110 Ed.1.0:1996**<br>Home control systems - guidelines relating to safety | 無し |
| **IEC Guide 112 Ed.3.0:2008**<br>Guide on the safety of multimedia equipment | 無し |
| **ISO 12100:2010**<br>Safety of machinery - General principles for design - Risk assessment and risk reduction | **JIS B 9700:2013**<br>機械類の安全性－設計のための一般原則－リスクアセスメント及びリスク低減 |
| **ISO 13850:2015**<br>Safety of machinery - Emergency stop-Principles for design | **JIS B 9703:2011**<br>機械類の安全性－非常停止装置－設計原則<br>（ISO 13850:2015 版は JIS 化未完） |
| **ISO 14118:2000**<br>Safety of machinery - Prevention of unexpected start-up | **JIS B 9714:2006**<br>機械類の安全性－予期しない起動の防止 |
| **ISO 14119:2013**<br>Safety of machinery - Interlocking devices associated with guards - Principles for design and selection | **JIS B 9710:2006**<br>機械類の安全性－ガードと共同するインターロック装置－設計及び選択のための原則<br>（ISO 14119:2013 版は JIS 化未完） |
| **IEC/TS 60479-1 Ed.4.0 2005-07**<br>Effects of current on human beings and livestock Part 1:Generalaspects | **JIS TS C 0023-1:2009**<br>人間及び家畜に関する電流の影響<br>第 1 部：一般分野 |

# 1.　はじめに

　本テキストの目的は、機械（主に産業機械）の安全性を確保するための基礎知識を得ることである。

　本章では、機械の安全の入る前に、過去に話題なった（機械以外の分野の）事故例を挙げて、事故が発生した当時の技術的・経済的な背景も含めた事故の間接的・直接的な原因を検討することにより「安全とは何か？」を考えることにする。

## 1.1　科学・技術の発達と事故

　科学・技術の進歩、特に産業革命以降の製造業を中心とする鉱工業の飛躍的な発展は、社会生活の利便性を向上させ経済の発展を促進し、現在の社会の繁栄をもたらした。しかし、その進歩に伴い様々な事故が発生し、数多くの犠牲が払われたことも事実である。次頁の図1は、18世紀以降の技術革新とそれ以降の事故の代表的な事例を示したものである。新エネルギの創出、新素材の採用、機械の大型化、および社会の変化等の節目ごとに、大きな事故が発生していることが判る。

　その典型的な事例としてとしてよく知られているのが、世界初のジェット旅客機"コメット"の就航直後の連続事故である。

【概要】
　世界初のジェット旅客機として1952年5月に運航を開始した英国のデ・ハビランド社製"コメット"に、連続3件の墜落事故（1953年5月から1954年4月）が発生し、乗客・乗員全員が死亡した。

【原因】
　成層圏を飛行するジェット旅客機には、与圧されたコクピット・客室が必要であるが、1回のフライトごとに地上と成層圏の大気圧の差により機体には内圧変動が生じる。この内圧変動の繰り返しにより機体の疲労が進展し突然の破壊に至った。

【その後に与えた影響】
　この事故は、内圧変動と疲労破壊に関する知見の不足により、これらが飛行中の機体に与える影響についての試験と評価の方法、及び応力集中を防ぐための設計方法等が未熟であったために発生した。この事故の経験により、その後のジェット旅客機の安全性が確立されたが、英国航空機産業は徐々に衰退し米国企業が市場を独占することとなった。

　大きな事故が発生する際には次のような共通する特徴がある。実際には、これらの要因のうちの一つだけで事故が発生するというよりも、複数の要因が複雑に絡み合い、最終的に事故に至ると考えられる。

　　➢ 新しい技術の導入に対して未知の領域が存在することによる事故
　　　　前述のコメットの事故や橋梁のような大型構造物の崩壊、船舶の破壊等の事故。特定の技術や材料のみが発達し、それらを支える周辺の技術や知識が追いつかないまま製品が実用化され発生する事故。

　　➢ 大型化と高性能化、つまりエネルギの増大による事故の大型化
　　　　技術の進歩と共に安全性も向上するが、大型旅客機の墜落や高速列車の脱線衝突事故のように、ひとたび発生すると危害の程度が過去の事故と比べ物にならないほど大きくなるような事故。

　　➢ 人為的な問題（過信、油断、対策の先送り等）
　　　　ガス爆発事故、笹子トンネルの天井板崩落事故、スペースシャトル・チャレンジャー号事故等のように、何らかの理由により"本来であればなされるべきこと"が正しく行われないことによる発生するような事故。

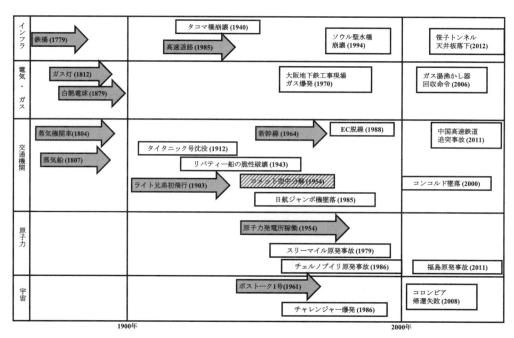

図 1　産業革命以降の主な事故

## 1.2　労働災害〜日本の産業現場は安全か

　ところで、産業用機械の安全性を検討する目安の一つとして、産業現場における労働災害のデータがある。下記は、英国、ドイツ、我が国における労働災害における死者数であるが、それぞれの国の産業構造、労働人口や労働環境が異なるため単純に比較はできないが、我が国の産業現場の安全確保が十分であるとはいえないであろう。また、このようなマクロ的な考察も重要であるが、例えば機械を起因物とする災害など細かに見ることで、我が国の弱点を知ることもできる。

表 1　労災死者数の国別比較

| 国名 | 労災死者数 | 人口 |
|------|-----------|------|
| 英国 | 200 人（2006 年） | 約　6,000 万人 |
| ドイツ | 800 人（2008 年） | 約　8,000 万人 |
| 日本 | 1,300 人（2008 年）[1] | 約 12,000 万人 |

出典：データブック国際労働比較

　下記の二つの表は、我が国の産業現場での労働災害における死亡事故を業界別と原因別に示したものである。事故が発生する業界は多岐にわたるが、事故原因としては「機械」に起因するものが大半を占めていることがわかる。

表 2　平成 25 年（1 月〜12 月）の産業別死亡者数

| 業種 | 死亡者数（人） | 構成比（%） |
|------|--------------|------------|
| 全産業 | 1030 | 100.0 |
| 製造業 | 201 | 19.5 |
| 建設業 | 342 | 33.2 |
| 陸上貨物運送事業 | 107 | 10.4 |
| 林業 | 39 | 3.8 |
| 交通運輸事業 | 16 | 1.6 |
| 鉱業 | 8 | 0.8 |
| 港湾運送業 | 6 | 0.6 |
| その他 | 311 | 30.2 |

---

[1] 2013 年では 1,025 名まで減少している。

表 3　平成 25 年　製造業における死亡者 201 人の型別・起因物別内訳

| 起因物 | 死 亡 者 数 (人) |
|---|---|
| 動力運搬機 | 38 |
| 一般動力機械 | 21 |
| 金属加工用機械 | 18 |
| 仮設物・建築物・構造物等 | 16 |
| 環境等 | 16 |
| 材料 | 14 |
| その他 | 78 |
| 型別 | 死 亡 者 数 (人) |
| はさまれ・巻込まれ | 61 |
| 墜落・転落 | 24 |
| 飛来・落下 | 20 |
| 交通事故(道路) | 16 |
| 激突され | 12 |
| 高温・低音物との接触 | 12 |
| その他 | 56 |

出典　中央安全労働災害防止協会　平成 26 年度　安全の指標

## 1.3　職場で発生した事故例

　厚生労働省の「職場のあんぜんサイト」では、労働災害の実例を、業種、事故の型、起因物等により検索することができる。そして、事故の概要と原因の分析の事例が紹介されている。その中から典型的な例を次に示す。

事例：作業者が CNC 旋盤に巻き込まれて死亡した事故例

【概要】
　CNC 旋盤を用いて機械部品の加工をしていた作業者は、加工品を設計値に合わせるために旋盤の誤差補正等を数回繰り返した後に、加工物を旋盤にセットし回転させながらサンドペーパーを手に持って研磨作業を行った。その結果、着用していた軍手が旋盤に巻き込まれ死亡した。

【原因】
　直接の原因は、作業者が軍手を着用して回転物にサンドペーパーを当てたことであ

るが、調査の結果、この会社では、「作業手順書がなく、作業は作業員の判断に任せられていた」こと、及び「職場での安全教育等の安全衛生管理を実施していなかった」ことが判明した。また、旋盤には「防護・安全装置」が装備されていなかった。

| 業種 | その他の金属製品製造業 |
|---|---|
| 事業規模 | 1〜4 人 |
| 機械設備・有害物質の種類（起因物） | 旋盤 |
| 災害の種類（事故の型） | はさまれ、巻込まれ |
| 被害者数 | 死亡者数：1 |
| 発生要因（物） | 防護・安全装置がない |
| 発生要因（人） | 危険感覚 |
| 発生要因 | 不意の危険に対する措置の不履行 |

図2　旋盤における巻込まれ事故の状況

厚生労働省　「職場のあんぜんサイト　労働災害実例」

（http://anzeninfo.mhlw.go.jp/anzen_pg/SAI_DET.aspx）

　産業機械の事故の内、休業 4 日以上の死傷病災害は労働基準監督署に報告されている。上記サイトでは、死亡事故全件、死傷災害の 1/4 の概要が示されている。そこから、事故の原因には機械の安全性、作業者の行動、管理者の職場管理等が複雑に関わっていることが理解できる。上の例は、直接の事故原因は回転している工作物に軍手を着用したまま触れたことであり（「作業者のミス」）、間接的には会社側の安全管理体制の不備であるが、機械自体の安全性にも問題があった。例えば、ドア開では主軸は低速でしか回転できないなどの処置がなかったが、後述するリスクアセスメントとそれに基づく保護方策（安全対策）が実施されていれば、防ぐことが可能であったと考えられる。

（2）新技術による未知の危険事象との遭遇と機械安全

　下記に前述と同様な事故事例を示す。これらを検討すると、工作機械による事故の原因は、新技術の導入による未知の危険事象の遭遇という部分は少なく、機械の作動や人間の行動から生じると考えられる。そうであれば、機械と人間の間に危険な状態とならないようにすることによって、事故発生のリスクを低減できるであろう。

表4　機械を起因物と知る災害事例

| 機械の種類 | 事故の原因 | 事故の詳細 |
|---|---|---|
| ボール盤・フライス盤 | はさまれ、巻込まれ | ドリルミルチャック製造工程において、被災者が自動運転しているマシニングセンタの配電ボックスとテーブルの間に立ち入ったところ、テーブルが配電ボックスに接近し、被災者がはさまれた。なお、被災者はマシニングセンタから出た廃油（マシニングセンタの下の容器に自然に溜まる構造になっている）をバケツに移す作業をしていた。 |
| その他の金属加工用機械 | はさまれ、巻込まれ | 錫自動めっき装置で、加工物をめっき層に浸ける"かご"の反転機のバケットに加工物を入れるためにローラ送り装置上に用意していたケースが振動でローラ端から落ちたので、散らばった加工物を拾い集めていたところ、反転機がローラ端に移動してきて、反転機とローラ送り装置と、反転機の上部から下りてきたバケットにはさまれた。 |
| その他の金属加工用機械 | はさまれ、巻込まれ | レーザ裁断機のワークシュータ（裁断された鉄板を下に落とす装置）の動きが悪くなったので、ワークシュータ真下のエアシリンダを調整するため、腹ばいになってもぐり調整していたところ、急にワークシュータが下降し、ワークシュータとシュートの間に頸部をはさまれた。 |

# 2.　安全規格の体系

　機械安全は——例外はあるが——多くの場合、事前の安全設計で防げたと考えられる。安全設計の方法は規格という形で示されている。本章では、その概要と体系を理解する。

## 2.1　国際規格と ISO および IEC

　国際規格の策定に関わる代表的な機関である、ISO および IEC の概要は以下のとおりである。（日本工業標準調査会のホームページ

　　　https://www.jisc.go.jp/international/iso-guide.html 及び

　　　https://www.jisc.go.jp/international/iec-guide.html より引用）

> ISO（International Organization for Standardization）の概要
>
> (1)沿革
> 　　1947 年に 18 ヶ国により発足。
>
> (2)目的
> ・国家間の製品やサービスの交換を助けるために、標準化活動の発展を促進すること
> ・知的、科学的、技術的、そして経済的活動における国家間協力を発展させること
>
> (3)会員その他（2012 年 12 月末現在）
> ・会員数　　　　164 ヶ国（会員団体 111、通信会員 49、購読会員 4）
> ・規格数　　　　19,573 規格（2012 年は 1,583 規格を発行。）
> ・委員会数　　　専門委員会（TC）：224
> 　　　　　　　　分科会（SC）：513
> 　　　　　　　　作委員業グループ（WG）：2,544
> 　　　　　　　　アドホックグループ：82
>
> IEC（International Electrotecnical Commission）の概要
>
> (1)沿革
> ・1906 年に 13 ヶ国により発足。
>
> (2)目的
> ・電気及び電子の技術分野における標準化の全ての問題及び規格適合性評価のような関連事項に関する国際協力を促進し、これによって国際理解を促進すること。
>
> (3)会員その他（2012.3 現在）
> ・会員数：82 ヶ国［正会員＋準会員］
> ・規格数：6,146 規格（※2009 年末現在）
> ・規格作成委員会数：専門委員会［TC］94　分科委員会［SC］73

## 2.2　安全に係る ISO および IEC による Guide・指針

　安全について、規格毎に基本的な考え方が変化しては、全体での統一がとれず、混乱する。そこで、次のようなガイドを制定している。

---

ISO/IEC Guide 37　消費生活用製品の取扱説明書に関する指針
ISO/IEC Guide 50　安全側面 － 子供の安全の指針
**ISO/IEC Guide 51　安全側面 － 規格への導入指針**
ISO/IEC Guide 63　医療機器の国際規格への安全面の開発及び取込みのためのガイド
**ISO/IEC Guide 78　機械の安全 － 安全規格の原案作成及び提示に関する規則**
IEC Guide 104　安全出版物の作成並びに基本安全出版物及びグループ安全出版物の使用
IEC Guide 110　ホームコントロールシステム－安全に関する指針
IEC Guide 112　マルチメディア機器の安全性ガイド

---

　この中でも ISO/IEC Guide 51 は特に重要で、規格での安全の考え方——特にリスクアセスメントの実施、それに基づく保護方策を 3 ステップメソッドに従って行うこと、安全を許容可能なリスクで考えることなど———を規定している。

## 2.3　安全規格の種類と体系

　前述したガイド・指針以外にも ISO および IEC の両機関が策定した規格には、全ての機械・製品安全を包括する概念的なものから、個々の機械・製品について具体的な安全性に特化して策定されたものまで、その内容と種類は広範囲に及ぶ。
ISO/IEC Guide 51 の「7.1 安全規格の種類」ではそれらを次のように 4 種類に区分している。

---

【基本安全規格】
　広範囲の製品及びシステムに適用可能な一般的な安全側面に関する基本的な概念、原則及び要求事項からなる。
【グループ安全規格】
　幾つかの製品若しくはシステムに、又は類似の製品若しくはシステムのファミリーに適用可能な安全側面からなり、一つ以上の委員会で扱われ、できる限り基本安全規格を引用する。
【製品安全規格】
　特定の製品若しくはシステム、又は製品若しくはシステムのファミリーのための安全側面からなり、一つの委員会の範囲内にあり、できる限り基本安全規格及びグ

---

2. 安全規格の体系

ループ安全規格を引用する。
【安全側面を含んでいる規格】
　その規格は安全側面だけを取り扱うものではなく、できる限り基本安全規格及び
グループ安全規格を引用する。

　これらの規格を、機械安全関連の規格について体系化してまとめると図 3 のようになる。

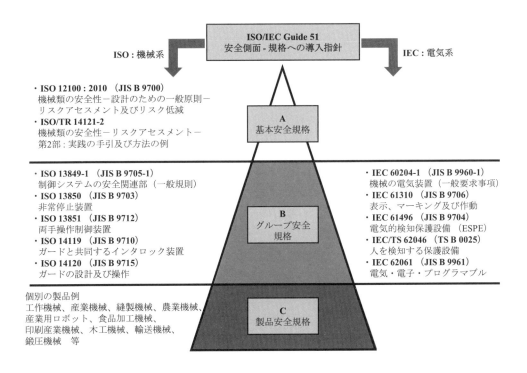

図 3　機械安全に関する規格の体系

　第 I 編の 1〜3 では ISO/IEC Guide 51 を基に記述している。ISO/IEC Guide 51 はどの分野にも適用できる安全の基礎的な考え方（リスクアセスメントの実施と 3 ステップメソッドのよるリスクの低減）を示している。4〜8 では、これを機械の安全に適用する方法を示した ISO 12100 について記述している。

11

# 3.　安全の定義とリスクの低減

　本講座に関わらず、あるテーマを関係者全員が正しく理解し議論を深めるには、議論に使用する用語の意味を明確にして（定義して）参加者がその定義を共有することが不可欠である。ここでは、本講座で使用される頻度の多い用語について、下表のように ISO/IEC Guide51 による定義を使用する。

## 3.1　ISO/IEC Guide 51 による用語の定義

3.1 危害（harm）
　　人への傷害若しくは健康障害、又は財産及び環境への損害。

3.2 ハザード（hazard）
　　危害の潜在的な源。

3.3 危険事象（hazardous event）
　　危害を引き起こす可能性がある事象。

3.4 危険状態（hazardous situation）
　　人、財産又は環境が、一つ以上のハザードにさらされている状況。

3.5 本質的安全設計（inherently safe design）
　　ハザードを除去する及び／又はリスクを低減させるために行う、製品又はシステムの設計変更又は操作特性を変更する等の方策。

3.6 意図する使用（intended use）
　　製品若しくはシステムとともに提供される情報に従った使用、又はそのような情報がない場合には一般的に理解されている方法による使用。

3.7 合理的に予見可能な誤使用（reasonably foreseeable misuse）
　　容易に予測できる人間の行動によって引き起こされる使用であるが、供給者が意図しない方法による製品又はシステムの使用。

3.8 残留リスク（residual risk）
　　リスク低減方策が講じられた後にも残っているリスク。

3.9 リスク（risk）
　　危害の発生確率及びその危害の度合いの組合せ。

3.10 リスク分析（risk analysis）
　　入手可能な情報を体系的に用いてハザードを同定し、リスクを見積ること。

3.11 リスクアセスメント（risk assessment）
　　リスク分析及びリスク評価からなる全てのプロセス。

---

3.12 リスク評価（risk evaluation）
　許容可能なリスクの範囲に抑えられたかを判定するためのリスク分析に基づく手続。

3.13 リスク低減方策（risk reduction measure）、保護方策（protective measure）
　ハザードを除去するか、又はリスクを低減させるための手段又は行為。

3.14 安全（safety）
　許容不可能なリスクがないこと[2]。

3.15 許容可能なリスク（tolerable risk）
　現在の社会の価値観に基づいて、与えられた状況下で、受け入れられるリスクのレベル[3]。

3.16 危害を受けやすい状態にある消費者（vulnerable consumer）
　年齢、理解力、身体的・精神的な状況又は限界、製品の安全情報にアクセスできない等の理由によって、製品又はシステムからの危害のより大きなリスクにさらされている消費者。

---

## 3.2　危害発生のプロセス

　図 4 では、危険源が人に実際の危害を引き起こすに至る経緯、その際のリスクの評価の関係を示したものである。以下、このプロセス図を元にリスクの低減による危害発生の防止について検討を進める。

---

[2]　ISO/IEC Guide 51:2014 では、"freedom from risk which is not tolerable"、つまり、「許容不可能なリスクがないこと」となった。

[3]　ISO/IEC Guide 51:2014 では、"*level of* risk that is accepted in a given context based on the current values of society"で、1999 年版と比べると、新たに"level of"が加わったが、実質的な意味はかわっていない。また、注記で"Note 1 to entry: For the purposes of this Guide, the terms "acceptable risk" and "tolerable risk" are considered to be synonymous."とされ、このガイドでは受容可能と許容可能が同意であるとされた。

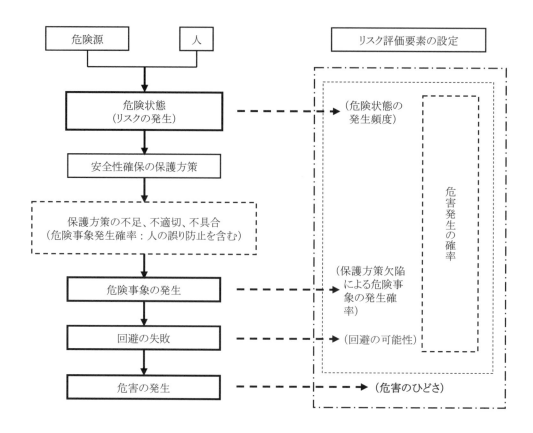

図4　危害発生のプロセス

## 3.3　ISO/IEC Guide 51 による安全の概念

ISO/IEC Guide 51 では用語の定義に加えて、「安全」という概念についても下記のような説明をしている。

> 6.2.1　全ての製品及びシステムにはハザードが含まれており、このため、あるレベルの残留リスクを含んでいる。したがって、これらのハザードに関連するリスクは、許容可能なレベルにまで低減することが望ましい。安全は、許容可能なレベルにまでリスクを低減することによって達成されるが、この規格においては、これを許容可能なリスクとして定義する。特定の危険事象のために許容可能なリスクを決定する目的は、リスクの二つの構成要素に関して、どのような状態が許容可能とみなされるのかを宣言することにある。
>
> 　許容可能なリスクは、次によって決定することができる。
> － 現在の社会の価値観

- 絶対安全の理想と達成できることとの間の最適バランスの探求
- 製品又はシステムに適合する要求内容
- 目的及び費用対効果のための適合性の要因

6.2.2 開発が技術面及び知識面において、製品又はシステムの使用に関して最小限のリスクにまで達成できる経済的に実現可能な改善できる場合に限っては、リスクの許容可能なレベルを見直す必要がある。

6.2.3 規格作成者は、製品又はシステムの意図する使用及び合理的に予見可能な誤使用のために、安全側面を考慮しなければならず、更に許容可能なリスクレベルを達成するためにリスクを低減する方策を規定しなければならない。

　前述の「安全の概念」によれば、安全は、

- ➢ 絶対的なものではなく、相対的なものである
- ➢ 社会におけるその時々の状況の下で受け入れられるかどうか、すなわち許容可能なレベルまでリスクが低減されているかどうか、で判断される
- ➢ リスクの大きさで評価する

としており、リスク低減の方法として次のような手順によるリスクアセスメント及び図 5 のようなリスク低減の反復プロセスを示している。

① 初めに該当製品に想定される使用者や接触することが予想されるグループ（ターゲットグループ）を特定する。
② 意図される使用を明確にする。
③ 合理的に予見可能な誤使用を見積る。
④ 製品の使用の全段階・全条件で発生するハザード（危険源）、危険状態、危険事象を特定する。
⑤ これらから発生するリスク（危害の発生確率と程度の組合せ）を見積る。

　以上①～⑤までのステップをリスク分析とし、これらのリスクが許容可能か否かを評価するに至るまでのステップをリスクアセスメントとしている。

　図 5 は、ISO/IEC Guide 51 の 6.1 a)～e) リスクアセスメント及びリスク低減の反復プロセスを示している。

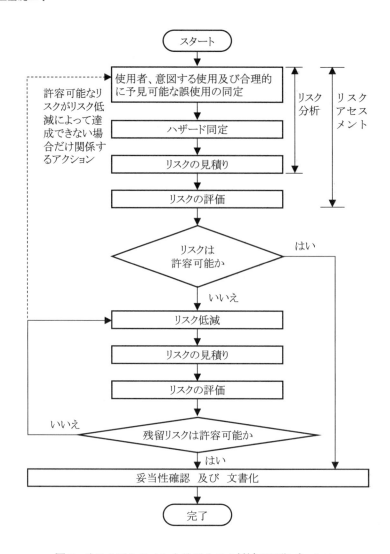

図 5　リスクアセスメント及びリスク低減の反復プロセス

　製品は、その開発・設計・製造の後、使用者の手に渡る。ISO/IEC Guide 51 では、製品のそれぞれのプロセスにおいて、次のような点に留意したうえで図 6 のような手順でリスクの低減がなされるべきであるとしている。

　➤ リスクを低減するには、設計者による方法（本質安全設計、保護装置、使用上の情報）と使用者による方法（訓練、保護具、組織）がある。

　➤ 設計における保護方策は、上から下への優先順で実施する。つまり、本質安全を第一優先とし、合理的に実施不可能であれば、保護装置によるリスク低減を行い、それでも残るリスクについては、使用者に伝達し、追加保護方策、訓練、保護具、組織の対策を確実に実施できるようにする。

　➤ 使用における方策は、製品の用途によって決定されるため、優先順位はない。

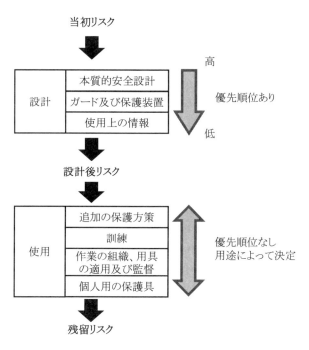

図6　設計及び使用における保護方策

## 3.4　ALARP モデル

　これまで述べてきたように、製品の安全性は、リスクアセスメント及びリスク低減の反復プロセスに従い、設計及び使用の段階で各種の安全方策を施すことによりリスクを許容可能な範囲まで低減することにより確保される。しかし、一方では、許容可能なリスクは、絶対安全という理念、使用者の利便性、費用対効果、関連社会の慣習等の諸要因とのバランスで決定されるともものとされている。したがって、実際に製品のリスクの評価を行う場合においては、許容できない範囲（領域）と許容可能な範囲（広く受入れ可能な領域）との間に中間の領域（その中は更に、・リスク低減が困難であるときに限り許容される比較的許容できない領域に近い範囲と、コストとリスク低減を比して判断してよい比較的広く受け入れられる領域に近い範囲）が存在する。これを ALARP 領域（As Low As Reasonably Practicable:合理的に実行可能なリスク低減を行う領域）としている。

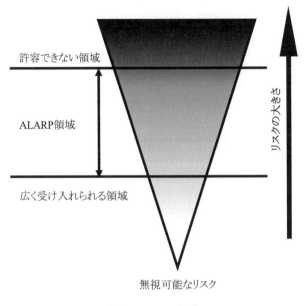

許容できない領域

ALARP領域

広く受け入れられる領域

リスクの大きさ

無視可能なリスク

図7 ALARP 領域

# 3.5 ISO 12100 によるリスク低減目標の達成

　リスクアセスメント及びリスク低減の反復プロセスにおいて、リスクが許容可能な範囲内に低減されたと判断する際の基準として、ISO 12100 では次のような手法を示している。

5.6.2 適切なリスク低減を達成するには、6.1 に規定する 3 ステップメソッドの適用が本質的要素である。3 ステップ適用後、次の全ての場合に適切なリスク低減が達成される。
－ 全ての運転条件及び全ての介入手順を考慮している。
－ 危険源の除去、又は実行可能な最も低いレベルまでのリスク低減を行っている。
－ 保護方策によってもたらされる新たな危険源に対応している。
－ 残留リスクについての十分な情報、及び警告の使用者への通知を行っている。
－ 複数の保護方策は両立している。
－ 専門／工業分野の使用のために設計された機械が非専門／非工業分野で使用されるとき、それから生じる結果について十分に配慮している。
－ 保護方策は、オペレータの作業条件、又は機械の使用性に有害な影響を与えない。

　この判断基準は、設計者の指針となるべきものであるが、数値基準等は示されていない。一般的には、state of the art、つまり技術的に達成可能なレベルを目標に、可能な限りリスクの低減を検討することとされている。

# 4. 3 ステップメソッドによる
# リスク低減と具体的な方策

この章では、前章で紹介したリスク低減の手順に沿って、リスク低減の具体的手法について、ISO 12100 を参照して理解を進める。

## 4.1 ISO/IEC Guide 51 による安全設計の手順

図8は、前述の ISO/IEC Guide 51 の 6.3 リスク低減に示されている、設計のプロセスにおいて実施すべきリスク低減の方策 1)本質的安全設計 2)ガード及び保護装置 3)使用者に対する情報の概念図である（経済産業省　2011 年 6 月「リスクアセスメントハンドブック実務編」より）。この概念は、設計によるリスク低減のために求められる、優先順位のついた 3 段階の手順であるため、3 ステップメソッド（3 step method）と呼ばれる。

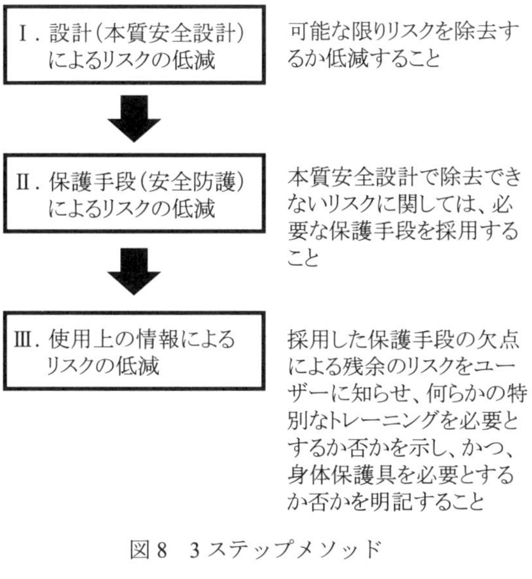

| Ⅰ. 設計(本質安全設計)によるリスクの低減 | 可能な限りリスクを除去するか低減すること |
| --- | --- |

| Ⅱ. 保護手段(安全防護)によるリスクの低減 | 本質安全設計で除去できないリスクに関しては、必要な保護手段を採用すること |

| Ⅲ. 使用上の情報によるリスクの低減 | 採用した保護手段の欠点による残余のリスクをユーザーに知らせ、何らかの特別なトレーニングを必要とするか否かを示し、かつ、身体保護具を必要とするか否かを明記すること |

図8　3 ステップメソッド

## 4.2 ISO 12100 による定義（抜粋）

この規格では、3 ステップメソッドにより製品安全を実現するための具体的な保護方策と付加保護方策について、次のように定義している。

3.19 保護方策：リスク低減を達成することを目的とした方策。次により実行される。
・設計者による方策（本質的安全設計方策、安全防護及び付加保護方策、使用上の情報）
・使用者による方策［組織（安全作業手順、監督、作業許可システム）、追加安全防護物の準備及び使用、保護具の使用、訓練］
3.20 本質的安全設計方策：ガード又は保護装置を使用しないで、機械の設計又は運転特性を変更することによって、危険源を除去する又は危険源に関連するリスクを低減する保護方策。
3.21 安全防護：本質的安全設計方策によって合理的に除去できない危険源、又は十分に低減できないリスクから人を保護するための安全防護物の使用による保護方策。
3.22 使用上の情報：使用者に情報を伝えるための伝達手段（例えば、文章、標識、信号、記号、図形）を個別に、又は組み合わせて使用する保護方策。
6.3.5 付加保護方策：
6.3.5.1 一般：機械の意図する使用及び合理的に予見可能な使用において、本質安全設計、安全防護及び使用上の情報のいずれでもない保護方策を実施しなければならない場合に採用する方策。

以下、各ステップについて説明する。

## 4.3　本質的安全設計方策によるリスクの低減

　本質的安全設計方策とは、「ガード又は保護装置を使用しないで、機械の設計又は運転特性を変更することによって、危険源を除去する又は危険源に関連するリスクを低減する保護方策」と定義されている。ISO 12100 に示されている方策を次に示す。

● 幾何学的要因及び物理的側面の考慮
● 適切な技術知識の考慮
● 適切な技術の選択
● 構成品のポジティブな機械的作用の原理の適用
● 安定性に関する規定
● 保全性に関する規定
● 人間工学原則の厳守
● 電気的危険源の防止
● 空圧及び液圧設備の危険源防止
● 制御システムへの本質的安全設計方策の適用
● 安全機能の故障の確率の最小化

---
- 設備の信頼性による危険源への暴露機会の制限
- 搬入（供給）又は搬出（取出し）作業の機械化及び自動化による危険源への暴露機会の制限
- 設定（段取り等）及び保全の作業位置を危険区外とすることによる危険源への暴露機会の制限
---

## 4.4　安全防護によるリスクの低減

ISO 12100 では、安全防護を次のように定義、説明している。
- 保護手段（安全防護）は、本質的安全設計方策による合理的に除去できない危険源又は十分低減できないリスクから人を保護する。
- この手段には、「ガード」と「保護装置」がある。
- 「ガード」は、機械の一部として設計された物理的なバリアで、危険区域を囲うことにより作業者が機械に接触することを防止すると共に、機械から発生する危害（電気、熱、火災、騒音、振動等）が周囲の作業者に及ぶことを防止する。
- 「保護装置」は、大きく「制御装置」と「進入・存在検知装置」に分けて考えることができる。
- 「制御装置」は、"インターロック装置"、"両手操作装置"や"Hold to run"装置のように、ある条件でのみ機械の起動や運転の継続を許す装置で、「進入・存在検知装置」は、"検知保護装置"や"能動的光電保護装置（例：光カーテン）"のように、センサが作業者の動きを検知し信号を発信する装置である。

同規格では、ガードと保護装置として次のような種類が挙げられている。

---
3.27　ガード
　3.27.1　固定式ガード
　3.27.2　可動式ガード
　3.27.3　調整式ガード
　3.27.4　インターロック付きガード
　3.27.5　施錠式インターロック付きガード
　3.27.6　起動機能インターロック付きガード
3.28　保護装置
　3.28.1　インターロック装置
　3.28.2　イネーブル装置
　3.28.3　ホールド・ツゥ・ラン（Hold to run）装置
　3.28.4　両手操作制御装置
　3.28.5　検知保護装置
---

> 3.28.6　能動的光電保護装置
> 3.28.7　機械的拘束装置
> 3.28.8　制限装置
> 3.28.9　動作制限制御装置

　これらの方策は、リスクアセスメントに基づいて適切に選択して使用する。
ガードの種類と用途については後述する。

## 4.5　付加保護方策によるリスクの低減

　ISO 12100 では付加保護装置を次のように定義、説明している

> ➤ 機械の意図する使用及び合理的に予見可能な誤使用において、本質安全設計、安全
> 防護および使用上の情報のいずれでもない保護方策を実施しなければならない場合
> に採用する方策。
> ➤ 付加保護方策は、危害が発生する恐れがあるとき、又は発生したときに作業者ある
> いは周辺の人が、何らかの操作あるいは行動を起こすための手段であり、保護手段
> （安全防護）とは分けて考える必要がある。
> ➤ 例えば、非常停止装置（付加保護方策）をつけることにより、ガード（保護手段）
> を省略することはできない。

　同規格では、付加保護装置として次のような種類が挙げられている。

> 6.3.5.2　非常停止機能を達成するためのコンポーネント及び要素
> 6.3.5.3　捕捉された人の脱出及び救助の方策
> 6.3.5.4　エネルギ遮断及び消散の方策
> 6.3.5.5　機械及び重量構成部品の容易かつ安全な取扱いの方策
> 6.3.5.6　機械類への安全な接近に関する方策

## 4.6　使用上の情報によるリスクの低減

　使用上の情報とは、文章、語句標識、信号、記号又は図形のような伝達手段で構成し使
用者へ情報を伝えるために個別に又は組み合わせて使用することであり、専門及び／又は
非専門の使用者を対象とする。ISO 12100 では、使用上の情報について次のように規定し
ている。

6.4.3 信号及び警報装置：例えば、点滅灯（視覚効果）やサイレン（聴覚効果）
・危険事象が発生する前に発せられること
・あいまいでないこと
・明確に知覚でき、使用している他のすべの信号と識別できること
・オペレータ又は他の人が明確に認識できること
6.4.4 表示、標識（絵文字）及び警告文：例えば、製造者の名前や住所設置・使用条件に制限がある場合の警告文やマーク、安全に使用するために守るべき回転数や荷重保護具の必要性や点検の頻度
・警告等に関連する機械の部分が明確に理解できること
・標識（絵文字）は、警告文に優先して使用する
・機械を使用する国の言語で書く
6.4.5 付属文書（特に、取扱説明書）
・次の事項に関する情報を記載する。
✔ 機械の運搬、取扱い及び保管に関する情報
✔ 機械の設置及び立上げに関する情報
✔ 機械自体に関する情報
✔ 機械の使用に関する情報
✔ 保全に関する情報
✔ 使用停止、分解及び廃棄処分に関する情報
✔ 非常事態に関する情報
✔ 熟練要員用の保全指示事項及び非熟練要員用の保全指示事項（お互いに明確に区別して示す。）

　使用上の情報は、3 ステップメソッドの一つであることから分かるように、リスクの低減方策である。しかし、他の 2 ステップと異なり、使用者が正しく理解して適切に実行して初めてリスクを低減できる。それ故、次の点に留意することが求められている。
・　使用上の情報は、特定の機械型式に明確に関連付けていなければならない。いろいろな型式の説明を一冊で示して、使用者が、自分が使う機械の適用箇所を判断しながら読む必要があるのは、間違いを誘引するので避ける。
・　最大の効果を得るために"見る－考える－使う"の伝達のプロセスに従って、操作の時系列に従って作成するのが望ましい。
・　可能な限り簡単かつ簡潔でなければならない。
・　一貫した用語及び単位を用いて表現し、常用しない技術用語には明確な説明を付ける。
・　機械を非専門要員が使用することが予想される場合は、非専門要員の使用者に直ちに理解しやすい形式で記述する。
・　機械を安全に使用するために保護具が必要な場合、販売時にこの情報を強調して表示するように、例えば梱包上にも明確に注意を与えるのが望ましい。

- 文書は、耐久性のある形式で作成するのが望ましい。
- 文書の上に"将来の参照用として保存すること"を表示しておく。

使用上の情報が電子的形式で保管されている場合、直ちに行動を必要とする安全関連の情報を、すぐに利用可能なハードコピーでバックアップしておく。

# 5. 安全確認型と危険検出型システム

作業者と機械が安全に作業を行うには、作業者の位置を検出して、

- ■ 作業者が機械の作動範囲（危険領域）外にいることを確認して機械を運転する
（安全確認型システム）

あるいは、

- ■ 作業者が危険領域に入った場合に機械が停止する又は作動できないようにする
（危険検出型システム）

ことが必要である。つまり、同時に同一空間に両者がいないことを保証することが安全上必要である。そのためのシステムを構築する方法に、「安全確認型システム」、「危険感知型システム」がありうる。この項ではこれら 2 種類の検知システムの概要と、両者の違いを理解する。機械は、できる限り安全確認型で構成することで、作業者の安全が確実なときのみ運転するようにしなければならない。作業者が危険領域にいるという、明確に危険なときは当然機械の運転開始や継続は許されないが、それ以外に機器の故障等により作業者の状態が分からなくなったときも機械の運転開始は阻止、運転は停止するように設計しなければならない。つまり、図 9 に示す様に、運転指令があるだけでなく、その上で安全が確認できた場合のみ起動可能とする。

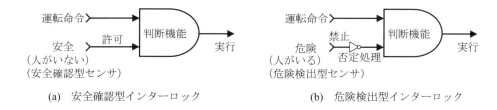

(a) 安全確認型インターロック　　　　　(b) 危険検出型インターロック

図 9　安全確認型及び危険検出型インターロック

## 5.1　安全確認型システム

このシステムは、

- ➢ 危険区域を監視して、人が危険区域に存在しないことを安全情報として機械に与えて運転を許可する。
- ➢ このシステムが故障すると、人が危険区域に存在しないことを検知できないので、必ずしも危険状態ではないかも知れないが、運転の許可を出さない。

という考え方に基づいて設計される。

図 10 において、その例を示す。

① 人が危険な場所にいると、光ビームは人に遮られて受光器に感知されないため信号は発信されない。このため、電磁リレーは作動せず接点が OFF のままで電流は流れない。

② 人がいないと、光ビームは受光器に感知され電磁リレーに信号が発信されて接点はON となり、電流が流れる。

③ 投光器又は受光器のどちらか、あるいは両方が故障すると、信号は発信されないため電磁リレーは作動せず、接点は OFF のままで電流は流れない。

という仕組みにより、たとえシステムが故障した場合でも、作業者の安全は確保される。

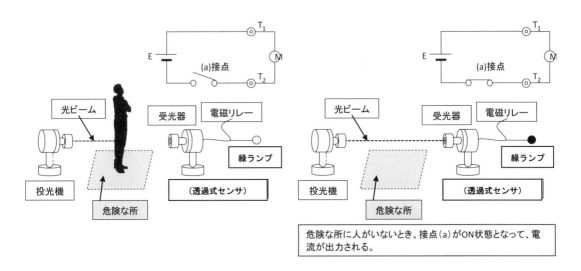

図 10　安全確認型システム

## 5.2　危険検出型システム

このシステムは、

➢ 危険区域を監視して、人が危険区域に近づいた危険情報を機械に与えて停止させる。

という考え方に基づいて設計されるが、

➢ システムが故障すると、人が危険区域に近づいたことを感知できないため機械に危険情報を出せず、機械を停止させることができない。

という問題がある。

図 11 において、

① 人が危険な場所にいると、光ビームが人に反射してセンサに感知された信号で電磁リレーが働き、接点が OFF となって電流は流れない。

② 人がいないと、光ビームは反射されず電磁リレーに信号が流れないため、接点はON となり電流が流れる。

③ センサが故障すると、人がいても光ビームを感知しないため信号は流れない。この
　ため、電磁リレーは働かず接点が ON となり、電流が流れてしまう。

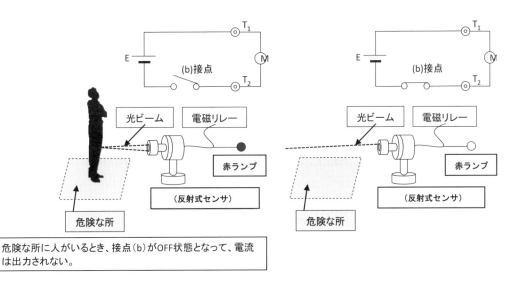

図 11　危険検出型システム

　安全確認型システムであると、投光機の故障で機械が止まってしまう。つまり、不必要
な停止が発生するが、その場合であっても事故にはならない。一方、危険検出型システム
であると、投光器の故障により人の存在検知ができなくなり、機械が動いてしまう。機械
は安全が確認されたときに機械を動かせる（あるいは、起動を許可する）のと、危険を検
出したときに機械を停止させる（あるいは起動を許可しない）のでは、正常時には同じこ
とであるが、故障まで考えると前者の考え方でシステムを構築すべきである。
　なお、後述する光カーテンは、危険領域の手前に設置して、その間には何もないことを
もって危険な領域に作業者の身体の一部が侵入していないことを確認している。このこと
を、受光器に<u>光が入ることで確認</u>して、機械に運転許可／運転継続許可の信号を送出して
いる。これは安全確認型のシステムである。受光器に光が入っていないことをもって機械
に停止信号を送出するシステムを構築してはならない。

## 5.3　光カーテン

　以上述べてきた安全システムを具現化したのが、安全用途の光カーテンやマットセンサ
である。

　光カーテンとは、工場などの生産現場で機械や設備が稼動する危険な領域において、人が機械との接触事故等に巻き込まれないように安全のために設置する多光軸電センサである。この装置は投光側と受光側によって構成され、投・受光器の間に人やものの進入を検出するための赤外光をカーテン状に照射していることから光カーテンと呼ばれている。

図 12　光カーテン

# 6.　ガード又は保護装置

　この章では、4．3 ステップメソッドによるリスク低減と具体的な方策の「6.4　保護手段（安全防護）によるリスクの低減」で紹介した「ガード」と「保護装置」について、具体的な例を説明する。そして、次の関係を整理する。
- ・　分離の原則
  - ✧ 空間分離　→　隔離の原則
  - ✧ 時間分離　→　停止の原則
- ・　エネルギ消散の原則
  - ✧ 人が近づくときはエネルギを除去する
- ・　非通電（エネルギ除去）の原則による停止
  - ✧ エネルギ供給断で停止するように設計する

## 6.1　ガード（隔離の原則）

　ガード（安全柵）とは、
- ➢ 危険は全て覆って隔離する。
- ➢ 開口部から危険領域に入ることができない。

という考えに基づいた、人の行動範囲と機械の作動範囲を空間的に分離するための安全防護装置である。ISO 12100 では、次のように区分されている。

```
3.27  ガード
3.27.1  固定式ガード
3.27.2  可動式ガード
3.27.3  調整式ガード
3.27.4  インターロック付きガード
3.27.5  施錠式インターロック付きガード
3.27.6  起動機能インターロック付きガード
```

　固定式ガードは工具の使用によって、又は取付け手段を破壊することによってのみ、開けたり又は取り外すことのできるガードで、空間的に分離する目的で使用される。その例を図 13 に示す。左図はロボットの周囲での使用、右図は機械に設置されている状況を示す。

図 13　固定式ガード

## 6.2　保護装置（停止の原則）

　固定式ガードが人の行動範囲と機械の作動範囲を空間的に分離して安全を確保したのに対し、人の行動空間と機械の作動空間重複があり、そこに同時に入らないように時間的に分離することで安全を確保する方策もある。それを実現するのに、可動式ガードや光カーテンとインターロック装置を使用する。

　ISO 14119 では、仕組みの違いによって次のように区分、定義している。図 15 は、その具体例を示す。

3.1　インターロック装置、インターロック
　　　特定の条件のもとで機械要素の運転を防ぐことを目的とした機械装置、電気装置、又はその他の装置。

3.2　インターロック付きガード
　　　機械の制御システムと一緒に次のように機能するインターロック装置が付加されたガード。

a) ガードによって"覆われた"危険な機械機能はガードが閉じるまで運転できない。

b) 危険な機械機能の運転中にガードが開くと、停止命令が発生する。

c) ガードが閉じると、ガードによって"覆われた"危険な機械機能は運転することができる。ガードが閉じたこと自体によって危険な機械機能が起動しない。

4.1.1　制御式インターロック
　　　インターロック装置からの停止指令が制御システムに発信され、機械アクチュエータへのエネルギ供給の中断、又は機械アクチュエータと可動部分の機械的分離が制御システムによって始動される。

4.1.2 動力式インターロック
　　インターロック装置からの停止指令により機械アクチュエータへのエネルギ供給が直接遮断されるか、又は機械アクチュエータと可動部分を分離する
4.2.1 インターロック装置（ガード施錠なし）
　　ガードのロックが無くいつでもガード開閉が可能で、ガードが「開」状態で停止信号を発信する。
4.2.2 ガード施錠式インターロック装置
・無条件ロック解除方式
　作業者がいつでもガードのロック解除が可能であるが、ロック解除時間が、危険性の消滅時間よりも長い方式。
・条件付ロック解除方式
　一定時間後又は危険性が消滅したことを確認することによってロックの解除が可能な方式。
＊危険性の消滅：例えば、機械の回転部等は機械のスイッチを切っても慣性で一定時間は回転し続け手がはさまれるなどの危険が残る。この回転が停止したことをセンサなどで検知し安全であることを確認する。

可動式ガードの例を図14、光カーテンの例を図15に示す。

図14　可動式ガード

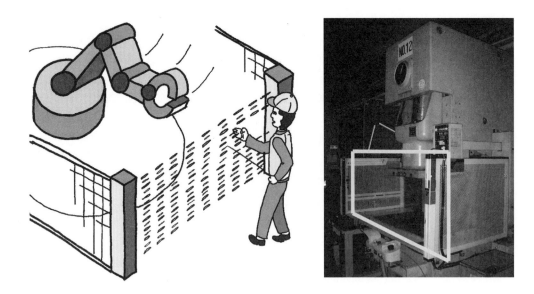

図 15　光カーテン

　これ以外に、調整式ガードがあり、これは固定式又は可動式ガードであって、全体が調整できるか、又は調整可動部を組み込んだガードをいう。その例を図 16 に示す。

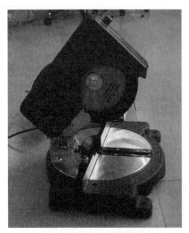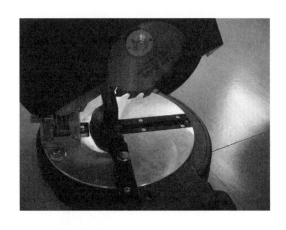

図 16　調整式ガード　刃部降下に対応してガード開口部が広がっている

# 7. 非常停止装置

　この章では、付加保護方策の代表的な例である非常停止装置の概要を説明し、非常停止ボタンスイッチの具体例を示す。ISO 13850 では、非常停止について次のように定義、説明している。

---

4　安全要求

4.1　一般要求事項（一部を抜粋）

4.1.1　非常停止機能は、機械の全ての運転モードにおいて、捕捉された人を解放するように設計されたいかなる設備も損なうことなく、かつ、操作可能であり、他の全ての機能及び操作に優先するものでなければならない。非常停止機能の始動によって停止した運転に対して、非常停止機能が手動でリセットされるまでいかなる起動信号も有効となってはならない。

4.1.2　非常停止機能は、安全防護策又は他の安全機能の代替手段として採用してはならない。付加保護装置として設計することが望ましい。非常停止機能は、保護機器又は他の安全機能を持つ機器の有効性を損なってはならない。

4.1.3　非常停止機能は、非常停止機器の動作後、新たな危険源が発生することなく、また人の介在なしに、機械の動作を適切な方法で停止するようにリスクアセスメントに従い設計しなければならない。

---

　ボタンスイッチには NO 接点式と NC 接点式の二つの形式がある。図 17 はその構造の違いと特徴を比較した。非常停止用途の押しボタンスイッチは右の NC 接点でなければならない。その理由は、後述する「非通電の原則」で説明できる。

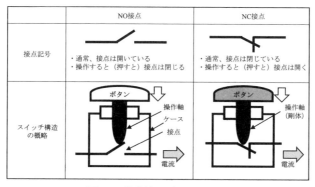

図 17　非常停止ボタンの構造

# 8.　エネルギ遮断及び消散の原理と
# 非通電の原則

## 8.1　エネルギ遮断及び消散の原理

　多くの機械において危険源の一つである可動物で異常が発生した場合には、動力源から可動物へのエネルギの伝達を遮断する、又は可動物に蓄積されたエネルギを消散することにより、危害発生のリスクを低減することが重要である。保全で作業者が機械に接近するときも、エネルギ供給は遮断され、機械内の危険源となり得るエネルギは消散されていなければならない。

　このためには、次のような方法が考えられる。

　　① 機械または機械の決められた部分を、遮断装置によって、全ての動力供給から遮断（切断、分離する）。
　　② 全ての遮断装置を"遮断"の位置に施錠する。
　　③ 危険源を生じる恐れのある全ての蓄積エネルギを消散する。（これが不可能若しくは現実的でない場合は、抑制（封じ込める）する。）

　ISO 14118 では、一般要求事項において次のように述べている。

```
4　一般要求事項
4.1　遮断及びエネルギの消散
　機械には、動力源の遮断に関する安全要求事項に従って、特に大規模保全、動力回路関係作業、及び撤去作業があることを考慮して、遮断及びエネルギの消散のための手段を備えなければならない。
```

　また、ISO 13850 では、一般要求事項において次のように述べている。

```
4　一般要求事項
4.1.3　非常停止機能は、非常停止機器の動作後、新たな危険源が発生することなく、また人の介在なしに、機械の動作を適切な方法で停止するようリスクアセスメントに従い設計しなければならない。適切な方法には、次を含む。
－最適な減速度の選定
－停止カテゴリ（4.1.4 参照）の選択
－事前決定した遮断順序の採用
```

> 　　　　非常停止機能は、非常停止機器を使用する際、使用後の影響を機械オペレータ
> が考慮しなければならないような設計であってはならない。
> 4.1.4　非常停止機能は、次の停止カテゴリのどちらかに従う機能としなければならな
> い。
> a)停止カテゴリ0　次の手段による停止
> －機械アクチュエータへの動力の即時供給遮断
> －危険な部位とその機械アクチュエータ間の機械的分離（切り離し）。
> 　必要な場合、ブレーキによる制動
> b)停止カテゴリ1　停止するために、機械アクチュエータへの動力を必要とし、停止し
> 　たとき動力が遮断される制御停止
> －機械の電気モータへの電力遮断
> －動力可動要素からのエネルギ源の切り離し
> －機械の液圧／空圧アクチュエータへの流体動力遮断

　モータ駆動の場合であれば、非常停止ボタンを押すことにより、モータへの電力供給を
切り、かつモータ出力のクラッチを断とする（クラッチを切る）。さらに必要であれば、
ブレーキを掛けることにより回転エネルギを消散させる。


## 8.2　非通電の原則

　インターロックである条件になったことにより機械を停止する場合や非常停止が押され
て機械を停止する場合は、確実に機械を停止できることが求められる。そこで、非通電の
原則を利用することとされている。
　この原則を説明する前に、ある回路（図18）について考えてみる。

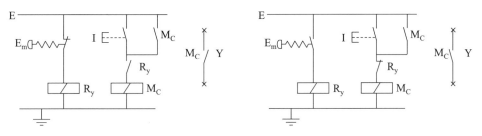

図18　非常停止回路の正しい設計・誤った設計

　左の回路は、通常は回路に電流が流れて $R_y$ と $M_c$ が励磁されており、Y が閉じて機械が
運転している。機械運転中に、作業者が異常を感じて非常停止スイッチ $E_m$ を閉から開に
すると回路に電流が流れなくなり $R_y$ と $M_c$ が励磁されず、Y は開いて機械は停止する。$R_y$

または $M_c$ への電流が停電や断線で流れなくなった場合も、Y は開いたままなので機械は運転されず安全が確保される。

　右の回路は、運転中の機械に異常を感じて作業者が $E_m$ を開から閉にすると、回路に電流が流れ $R_y$ が励磁され、次に $M_c$ が非励磁になり、Y が開いて機械が停止する。停電や断線があると、$E_m$ を閉にしても、$R_y$ に電流が流れず励磁されないので、結局 Y が閉じたままとなり機械は停止しない。

　異常発生時に緊急に機械を確実に停止させるには、エネルギを遮断する方法をとるべきであり、緊急停止装置をエネルギで作動させる方法を採用するのは不適切である。

　なお、このことを「非通電の原則を利用する」といい、制御システムの安全関連部するISO 13849-2 に「基本安全原則」として提示されている。

　非通電の原則を利用するとは、「安全な状態を、エネルギを放出することで得られる」ようにすることである。例えば、「停止を指示し、実行する」制御装置では、常時閉鎖（NC 接点[4]/B 接点）接点（押しボタンとポジションスイッチ）と、常時開放（NO）接点をリレーで構成する。

　基本安全原則とは、安全に関する制御装置の設計では必ず守るべきことであって、それほど重要であると認識されている。上に示したように、通電で停止するような設計では、止めなければならないときに停止できないことがあり、このことは事故に直結する。このような誤った回路を設計しないように、国際規格は正しい設計法を、基本安全原則として規定している。

---

[4] NC は Normal Close の略で、常時閉で、ボタンを押されたときのみ開となる接点のことである。

# 9. 感電防止の基礎

この章では、機械の危険源の一つである「感電」とその防止方策の基本を説明する。

## 9.1 感電の原理

一般に感電の形態としては図19に示すように、

(a) 人体が電源から機械までの間の電気の通路に接触し、人体を電気が流れる回路ができて短絡（ショート）することによる感電。

(b) 人体が電源から機械までの電気の通路に接触し、電気が人体を通って大地に流れる回路ができてその電流により感電する。

(c) 機械が何らかの理由により漏電しており、人体がその機械の導電性のある筐体・外装などに接触することにより、電流が人体を通って大地に流れることにより感電する。

このうち、(a)と(b)については、露出している配線や端子に作業者が誤って触れることや、作業者が電源を切らないで機械を修理することにより発生する場合が多く、配線作業や修理作業時の作業者に対する注意喚起が必要である。また、機械内の配線や端子などに容易に手が触れることがないように設計することも必要である。一方、(c)の示す機械の漏電は機械内部の不具合が原因であり、万が一、機械本体側に漏電が発生しても作業者が感電しないような防止策を講じる必要がある。

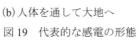

(a) 人体でショート　　　　　(b) 人体を通して大地へ　　　　　(c) 漏電した機器に接触

図19　代表的な感電の形態

## 9.2　接地による感電の防止

　機械の漏電は内部電気回路の絶縁不良などにより生じ、これにより機械本体の金属部と大地との間に電位差が発生する。このときに人が機械外面の露出している金属部に触れると、電流が機械から大地に向かって人体を流れるために感電する。これを防止するには図20に示すように機械の金属部を接地（アース）して、漏電している電流を人体より抵抗の小さいアースを通じて大地に流し、万が一、人が機械に触れた場合でも人体に流れる電流を危険のない程度に低く抑える方法が採用されている。しかし、この方法は身体に電流が流れるので、図20に示すように漏電遮断機を設置することが求められる。また、漏電遮断機が作動するためにも機器の接地は不可欠である。

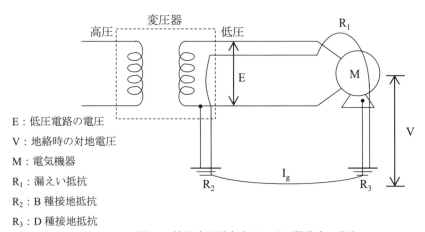

E：低圧電路の電圧

V：地絡時の対地電圧

M：電気機器

$R_1$：漏えい抵抗

$R_2$：B種接地抵抗

$R_3$：D種接地抵抗

$I_g$：漏れ電流

図20　接地式配電方式における漏電時の電路

（中央労働災害防止協会：低圧電気取扱安全必携　特別教育用テキストによる）

## 9.3　漏電遮断器による感電の防止

　現在、一般に採用されている最も有効な機械の感電防止の方策は、漏電遮断器の設置である。漏電遮断器は、機械内部の電気回路などに漏電が生じた場合、これを自動的に検出して電路を開放し感電の危険源を除去する装置で、その動作原理を図21に示す。この装置は電気回路から大地に漏れた地路電流を各電路に流れる電流のベクトル和として零相変流器（ZCT）で検出し、遮断機構を作動させる。設置する機械により、定格感度電流（検出できる地絡電流）や動作時間（遮断機が電路を開放するまでの時間）の組合せが適切な仕様のものを選定する必要がある。ただし、上記のように電流の差で漏電を検知するので、漏電時には大地に電流が流れることが必要であるので、機械自体（金属部分）に接地を施す必要がある。

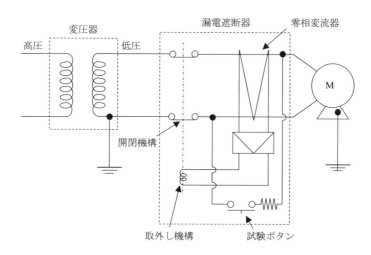

図21　漏電遮断機による感電防止

（中央労働災害防止協会：低圧電気取扱安全必携　特別教育用テキストによる）

## 9.4　人体への通過電流値と影響

　人体に流れる電流の影響は、電流の大きさと流れる時間により異なる。電流の大きさと時間との相関関係を示したのが、IEC/TS 60479-1 による下図の「商用周波数の交流に対する人体反応曲線」である。この図によると電流の大きさと流れる時間が AC2 から AC3 の範囲に入ると（50 mA/sec）人体に影響を及ぼし始める可能性があることがわかる。このため、50 mA·sec が安全限界としているが、我が国及び EU などにおいてはさらに安全率を見込んで 30 mA/sec を安全の基本としている。

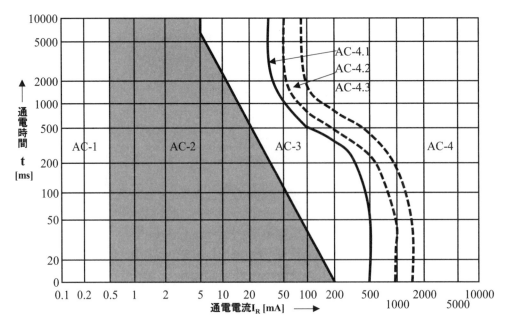

【電流／時間領域と人体反応】

AC-1…無反応

AC-2…有害な生理学的影響なし

AC-3…けいれん性の筋収縮や呼吸困難の可能性がある。心室細動なしの一時的な心停止や心房細動を含んだ回復可能な心臓障害を生じる。

AC-4…心停止、呼吸停止、重度のやけどといった病生理学上の危険な影響が起こる。

  AC-4.1…心室細動の確率が約 5%以下。
  AC-4.2…心室細動の確率が約 50%以下。
  AC-4.3…心室細動の確率が約 50%超過。

図22　IEC/TS 60479-1 による交流電流が人体を通過した時の反応曲線

　図 19(b)の感電から防護するためには、定格遮感度電流 30 mA 以下、作動時間が 0.1 秒以下の遮断機の設置するものとされている（感電防止用漏電遮断機の接続及び使用の安全基準に関する技術上の指針、厚生労働省昭和 49 年技術上の指針公示第 3 号）。これは、万が一の際にも、AC-2 領域でとどめることで生命の危険を回避することを目的としている。

# 第Ⅱ編　リスクアセスメント

# 1.  リスクアセスメントを始める前に

## 1.1  「リスクアセスメント」とは何か

(1) リスクアセスメントって何？

　　メーカーには、事故の可能性を未前に想定して、事故が起きないような安全な製品を使用者に提供することが求められている。設計上に係るリスクや、製造上に係るリスク、エンドユーザーとの情報共有に係るリスク、使用上のリスク、など広い視点で検討をする必要がある。この検討を行うにあたって使われる手法がリスクアセスメントである。

　　リスクアセスメントとは、対象とする製品の使用によって、人に危害が及ぶ可能性を検証して、必要な安全を施した製品を市場に供給することを目的とする、リスクを明らかにする手順のことをいう。

　　このリスクアセスメントを、国際規格である ISO 12100:2010（機械類の安全性－設計のための一般原則－リスクアセスメント及びリスク低減）では、「リスク分析及びリスク評価を含む全てのプロセス」と定義している。

(2) 簡単なリスクアセスメント

　　ここでは下記の例題を基に、リスクアセスメントの練習を行い、その雰囲気を理解してもらおう。

　　例題：プレス機のオペレータが作業をしています。リスクが想定されるシナリオを考えてください。

図1　プレス作業の例

①リスクが想定されるシナリオ（リスクシナリオ）

　この図から、リスクが想定されるシナリオとして、下二つを例として紹介する。

■ 金属板を出し入れする作業中、誤って足踏みのスイッチを踏んでしまい、プレス機構が意図せず下がりはじめ、右手がはさまれそうになった。

■ 緊急停止スイッチがなかったため、機械をとっさに停止できず、右手がプレス型にはさまる事故が発生した。

このように、

「プレス機械に右手をはさまれそうになる」、「機械を停止できなかった。右手がプレス型にはさまる」ことが予想されれば、設計時にリスクを想定し、事故が発生しないように対策を実施することが必要になる。

では、この事例の場合、どのような対策を考えることができるだろうか？

②対策の検討

　ここでは、以下の対策を例示する。

■ 起動スイッチを足踏みから両手操作に変更

　（両手で操作することによりプレス機構内に手の侵入を防ぐことができる）

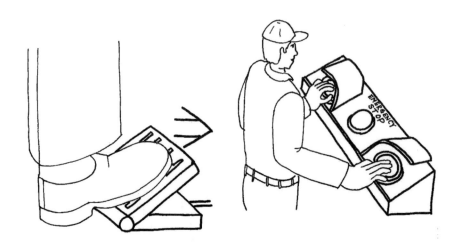

図2　対策例〜両手作業の採用

　なお、動いている機械と人の接触を防ぐ方法としては、両手押しボタンによること以外に次のやり方がある。

■ ガードの設置
 （ドアを閉めないと動かない：インターロックスイッチ）

図3　ガードとインターロック

■ 光カーテンの設置
 （光線を遮ると機械が停止）

図4　光カーテン

■ 人が離れないと動かないセンサ設置
 （マットスイッチなど）

　以上のように、リスクに至るシナリオを未然に想定できれば、想定した事故防止のための対策を考え出すことができる。

# 1.2　「リスクアセスメント」の必要性

(1)安全の概念と、製品の安全性確保の考え方
　国際規格（ISO/IEC Guide 51）では、安全とは「許容不可能なリスクがないこと」と定義されており、その安全の概念として、以下の要旨が書かれている。

　製品（機械）は
- 完全に安全な製品（ゼロリスクな製品）は存在しない。
- 機械は壊れる。

　人は
- 訓練や教育をしても人はミスをする。
- 無意識に行動に出してしまう動作（癖・習慣など）がある。

　メーカーは、この概念を基に、機械を設計し製造することが必要である。
　ここで注目すべきは、「完全に安全な製品は存在しない」から、どんなに対策をしても「完全に安全な製品」にはならないということである。
　裏返せば、「どのレベルの安全性を確保すればいいのか」ということが設計・製造するうえで問題になるのである。
　この判断をする際に、リスクアセスメントを活用することになる。
　リスクアセスメントを実際に実施する際には以下を考慮することが望ましい。
- リスクアセスメントをする際の約束事を作ること
- リスクアセスメントを実行できる人を確保（教育を含む）すること
- 適正なデータを収集すること
- 組織として活用すること
- リスクアセスメントの徹底
  - □　安全装置を作動させた後の装置の故障や、従業員の誤操作なども踏まえたリスクアセスメントの実施。
  - □　製造設備の変更などに伴うリスクアセスメントの実施。
- 人材の育成・危険予知能力、リスクアセスメント能力などの養成
  - □　現場力向上に向けた教育プログラムの作成。
  - □　講師データベースの構築などにより人材育成を実施。
- 事故の調査・検証、情報の共有
  - ・製品へ過去事故などの情報活用。

　・事故調査報告書について、検証を行う。
　■ 教訓などの明確化、定期的な繰返し訓練、その実施状況の確認など。

(2) リスクアセスメントのポイント

　　リスクアセスメントに基づいた安全設計で達成すべき残留リスクは、国際規格（ISO/IEC Guide 51）では「社会が許容可能なレベルに低減する」とされている。

　　メーカーは、リスクアセスメントを実施して、社会が許容可能なレベルにリスクを低減した製品を作る必要がある。つまり、製品を使用する社会において、受け入れられるリスクレベルまで低減をすることが、メーカーに求められているのである。

　　実際に起きた事故、または想定した事故から事故防止策の検討をする手順は、以下のようになる。

　　メーカーは、このような流れで原因を検討し、事故が起こらないように対策を考えることになる。

　　この事故防止策の検討をするにあたっては、以下の基本的な考え方がある。

①製品開発プロセスのできるだけ川上で対策を行う。

　　開発・設計段階でリスク抽出ができれば製造への影響はない。また、改善対策は図面上で確認が可能となる。

　　すなわち、開発・設計段階で対策漏れ、又は製造段階での欠陥が発生した場合、生産施設及び生産品に関して対策を施すため、時間と労力を伴うことになる。

　　生産品が市場まで至り、事故になれば調査や販売品対応など膨大な労力と時間を費やし、信頼も落としかねない。そのため、できるだけ製品開発プロセスの川上で適切なリスクアセスメントの実施が重要となる。

　　以下は製品開発のプロセスを川の流れに例えた図である

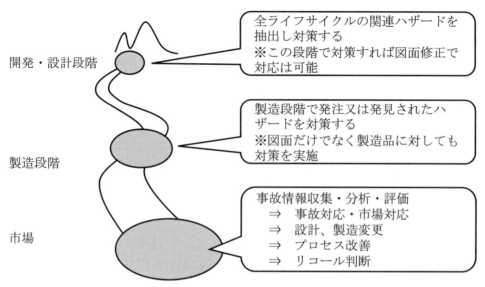

開発・設計段階

全ライフサイクルの関連ハザードを
抽出し対策する
※この段階で対策すれば図面修正で
対応は可能

製造段階で発注又は発見されたハ
ザードを対策する
※図面だけでなく製造品に対しても
対策を実施

製造段階

市場

事故情報収集・分析・評価
　⇒　事故対応・市場対応
　⇒　設計、製造変更
　⇒　プロセス改善
　⇒　リコール判断

図5　川の流れに例えた製品開発のプロセス

②3 ステップメソッドに基づく安全設計原則（設計者による保護方策）

　　ここでいう「方策」は「対策」とは異なる。「対策」は事故などが起こったことに対して策を考え実行することだが、「方策」はまだ事故が起こっていない時点でリスクを見出しそれに対して策を実行することである。

　　（※以後、「方策」、「対策」に分け記載する。）

　　リスクを低減する方策の検討は「本質的安全設計方策」、「安全防護及び付加保護方策」、「使用上の情報」の順で検討を行う。この 3 段階の考え方を「3 ステップメソッド」という。

「本質的安全設計方策」は危害の原因となる危険源に対し、機械の設計又は運転特性を変更することによって、危険源を除去する又は危険源に関連するリスクを低減することで、想定されるリスクシナリオを消し去ることである。製品の安全を図る上で最善の方策である。

　　しかし、実際は「本質的安全設計方策」で解決できないリスクも存在する。「本質的安全設計方策」では消し去ることができなかったリスクに対しては、ガードなどの保護装置を用いた「安全防護及び付加保護方策」を実施する。「安全防護及び付加保護方策」は製品に残余している危険源に対して、ガードなどで危険源を人から隔離する安全方策を打つことでリスクシナリオが発生しないようにするものである。なお、付加保護方策の代表的な例として非常停止装置が挙げられる。

　　次に、「使用上の情報」であるが、「本質的安全設計方策」、「安全防護及び付加保護方策」を実施してもなお製品に残余しているリスクに対して、使用者に対して情報提供を行い、リスクシナリオの発生を使用者の注意により回避するものである。具体的には取扱説明書の注意警告文などがそれにあたる。

　価格競争などコストの関係から「本質的安全設計方策」、「安全防護及び付加保護方策」の実施が不完全のまま、「使用上の情報」の方策に偏ることも考えられる。しかし、本方策は製品本体に方策を施しているわけではないので、製品本体に残存するリスクの大きさは何ら変化なく、リスクは製品に含有されたままである。「使用上の情報」の方策に偏ることは避けなければならない。

リスクを低減する方策の検討の順番

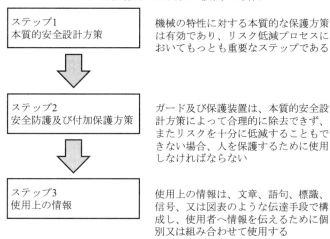

| ステップ1<br>本質的安全設計方策 | 機械の特性に対する本質的な保護方策は有効であり、リスク低減プロセスにおいてもっとも重要なステップである |
| --- | --- |
| ステップ2<br>安全防護及び付加保護方策 | ガード及び保護装置は、本質的安全設計方策によって合理的に除去できず、またリスクを十分に低減することもできない場合、人を保護するために使用しなければならない |
| ステップ3<br>使用上の情報 | 使用上の情報は、文章、語句、標識、信号、又は図表のような伝達手段で構成し、使用者へ情報を伝えるために個別又は組み合わせて使用する |

図6　3ステップメソッド

　以上のプロセスを実施するにあたり以下のポイントに注意する。
a.本質的安全設計方策のポイント
　　□ 危険源を除去することにより、又は機械自体及び／又は暴露される人と機械との間で相互に作用するファクターを検討し、設計上適切な方策選択によるリスクの低減を図る。
　　□ 幾何学的要因及び物理的側面から、リスクを検討する。
　　□ 機械設計に関する一般的技術知識を持ち合わせること。
　　□ 適切な技術の選択できること。
　　□ 構成品間のポジティブな機械的作用の原理を適用すること。
　　□ 安定性に関する規定を設け実行すること。
　　□ 保全性に関する規定を設け実行すること。
　　□ 人間工学原則の遵守した設計を行うこと。
　　□ 電気的危険源の防止を考えること。
　　□ 制御システムへの本質的安全設計方策を適用すること。
　　□ 安全機能の故障の確率の最小化を図ること。
　　□ 設備の信頼性による危険源への暴露機会の制限を図ること。

　　　□ 搬入（供給）／搬出（取出し）作業の機械化及び自動化による危険源への暴露
　　　　機会の制限を図ること。
　　　□ 設定（段取りなど）及び保全の作業位置を危険区域外とすることによる危険源
　　　　への暴露機会の制限を図ること。

　b.安全防護及び付加保護方策のポイント
　　　□ 本質的安全設計によって合理的に危険源を除去できず、またリスクを十分に低
　　　　減することもできない場合、人を保護するために使用しなければならない方策
　　　　となること。
　　　□ ガード及び保護装置の選択すること。
　　　□ エミッションを低減するための安全防護を実行すること。
　　　□ 非常停止など付加保護方策の検討実施すること。

　c.使用上の情報のポイント
　　　□ 使用上の情報の配置及び性質が明確に伝わること。
　　　□ 信号及び警報装置の説明。
　　　□ 明確な表示、標識（絵文字）、警告文の記載。
　　　□ 付属文書（取扱説明書）の作成。

　　以上のように、「3 ステップメソッド」を活用して社会が許容するレベルまでリス
ク低減方策を実行していくことが、製品安全実現のための重要な取組みである。

③「方策」、「対策」のポイント
　　「方策」や「対策」を検討するにあたってのポイントを「方策」、「対策」に分けて
以下に示す。

　a.方策の検討（予防）
　　　未然にリスクを想定し、危害の発生を防止する方策の検討について説明する。こ
れから生産する場合は危険源や使用プロセスなどからリスクを想定し、リスクアセス
メントを行う。
　　　設計の時点では、様々な事故を想定することが大切である。以下のような観点か
ら、後述の表（JIS B 9702 の附属書 A）や手法などによってリスクシナリオを想定
する。
　　　□ 耐用期間の各段階に対する要求事項
　　　□ 機械の正しい使用と操作
　　　□ 予想される誤使用
　　　□ 使用者の性別・身体能力の限界
　　　□ 使用者の熟練度、能力

　　□　人間が危険にさらされる頻度、期間

　b.対策の検討（是正措置）

　　すでに生産流通している製品に対し、事故やヒヤリハット情報などを基に、リスクアセスメントを行う。

　　事故や故障が起きた時には、原因を調べてその危険源に対策を打つことが必要になる。しかし、「原因を探し出せなかった」、「原因を間違ってしまった」という場合には、事故や故障の再発を招いたり、対策を誤ったり、そもそも対策をすることができなくなる可能性がある。

　　一見隠れて見えないような原因までしっかりと抽出して、的確に対策を検討した上で実施することが必要になる。

　　また、事故が発生した場合、その製品の過去に行ったリスクアセスメントに不備がなかったかどうか検証することも重要である。この検証を踏まえ、以後のリスクアセスメントで同じ失敗をしないようにすることが大切である。

(3) 法令とリスクアセスメント

　　製品を設計製造するプロセスを考えてみると、過去の製品安全の一般的な考え方は、「法律や任意の規格・基準などを守れば安全な製品ができる」とした思考の上で、設計者の経験などを反映し設計製造していた。しかし、実際は法律や任意の規格・基準など守っていても事故が発生している。

　　当然、事故が起きると、その対応に莫大な労力とコストがかかり、企業イメージも低下する。

　　そこで企業においては、法令を遵守するだけではなく、リスクアセスメントを実施することで、事故に至る要素を除去し、製品事故の発生を未然に防止していくことが望まれる。

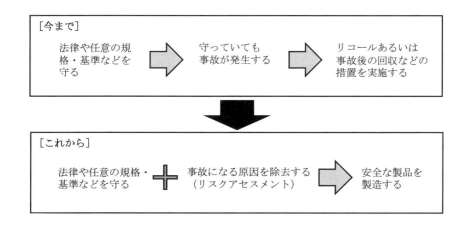

図7　法令とリスクアセスメントによる安全確保

　リスクアセスメントの実施は、国際的に設計製造過程で必要なプロセスになってきており、グローバルな製品の製造を行っているメーカーはすでにリスクアセスメントを実施している。労働安全衛生法でもリスクアセスメントの実施を努力義務としている。

　日本では JIS 規格は任意規格であるため、JIS 規格を守らなくとも直ちに法律違反とは一般にならない。しかし、安全規格が過去の事故を繰り返さないために存在していることを考慮すると、JIS 規格準拠は法的責任の観点からも望ましいと考えられる（付録 A1 参照）。

---

コラム

**製品安全に関する EU と日本の法令の考え方の違い**

　日本国内の法律は、過去の事故などによって規制が作られる「オールドアプローチ」と呼ばれる考え方で作られており、以下の特徴がある。

➤ 法律で安全の要求事項と詳細使用を決めている。この要求事項の多くは、過去の事例がベースになっている。そのため事故が発生しないと法律に反映されにくい。

➤ 規制対象品目が定められている（ネガティブリスト）。そのため法律で規制されていない製品は規制対象外となる。


　一方、現在の EU の製品安全の考え方は「ニューアプローチ」とよばれ、法律で包括的に「安全であること」と定めている。何が安全なのかは、各事業者が立証しなければならない。「ニューアプローチ」の特徴は以下のとおりである。

➤ 品目ごとの安全の要求事項と詳細仕様は規格に任せる。法律で規格を強制化（アメリカ・中国同様）

➤ 全ての製品が対象（例外はポジティブリストとして明示される）


　海外（例：EU）では、法律規定の「安全な製品」を達成するためにはリスクアセスメントをせざるを得ない環境となっている。

　国内メーカーも海外市場への参入や海外メーカーとの競合などにより、リクアセスメントを行うことが必要となってきている。

---

# 1.3　リスクアセスメントの進め方

(1)国際規格 ISO 12100（機械の安全性－基本概念、設計の一般原則）で使われている主な用語の定義

　規格 ISO 12100（機械の安全性－基本概念、設計の一般原則）で述べている主な用語の定義を紹介する。

■ リスクアセスメントとは
リスクの分析及びリスクの評価からなる全てのプロセス

■ リスクとは
危害の発生確率と危害のひどさの組合せ
（危害とは、人やモノなどに損害などを与えること）

■ 受容（許容）可能なリスクとは（ISO/IEC Guide 51）
社会における現時点での価値に基づいた状況下で受入れられるリスク

■ 危険源（ハザード）
危害を引き起こす潜在的危険源

■ 重要な危険源
リスクアセスメントにより関連があるものとして同定され、かつリスクを除去
又は低減するために、設計者による所定の行動を必要とする危険源

■ 危険状態
人が少なくとも一つの危険源に暴露される状況。暴露されることが、直ちに又
は長時間にわたり危害を引き起こす可能性がある

■ 危険事象
危険状態から結果として危害に至る出来事（ISO/IEC Guide 51）

■ 危害
身体的傷害、又は健康障害

■ 危害の発生（ISO/IEC Guide 51）
危険な出来事によって危害が発生したこと

(2)危害発生のプロセス
　事故などが発生した場合、事業者はその原因を究明し対策を図る。その原因となって
いる事象の危険源を明確にし、対策を打たなければ対策の効果に期待できない。そのた
め、事故の事象に至るシナリオ（リスクシナリオ）を明確にし、そこで判明する危険源
に対策することが必要となる。
　事故に至るリスクシナリオを上記で書かれている用語を使い、危害が発生するプロセ
スを系統的に考えてみると、以下のようになる。

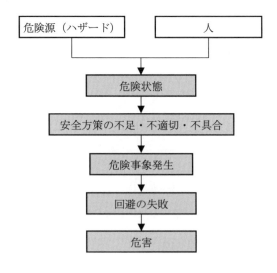

図8　危害の発生過程

上記のプロセスを詳しく説明すると以下のとおりとなる。
　　イ）人と危険源が組み合わさって危険な状態となる。
　　ロ）危険な状態でも安全方策が適切ならば危険事象は発生しない。
　　ハ）安全方策が不足や不適切、又は安全方策事態の不具合があった場合、危険事象が発生する。
　　ニ）危険事象が発生しても回避できる場合は危害が発生しないが、回避できなければ危害発生となる。

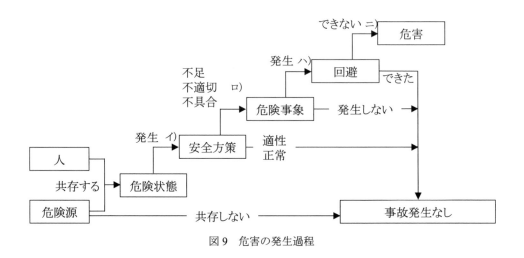

図9　危害の発生過程

　先ほど例に挙げた、プレス機の作業プロセスに ISO 12100 の危害発生プロセスを加えてみると、以下の図のようになる。

先ほどの例を当てはめると

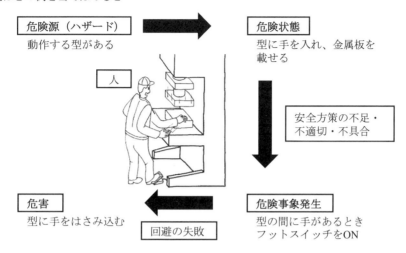

図10　足踏みスイッチ式プレスにおける危害発生プロセス

各プロセスの該当内容は以下のように考えられる。

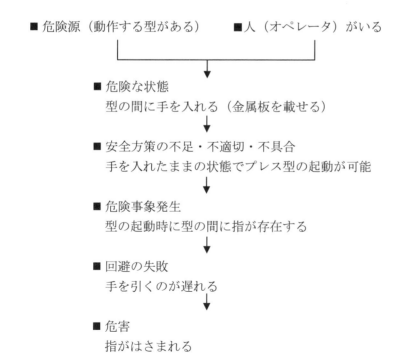

- ■ 危険源（動作する型がある）　　■人（オペレータ）がいる

- ■ 危険な状態
  型の間に手を入れる（金属板を載せる）

- ■ 安全方策の不足・不適切・不具合
  手を入れたままの状態でプレス型の起動が可能

- ■ 危険事象発生
  型の起動時に型の間に指が存在する

- ■ 回避の失敗
  手を引くのが遅れる

- ■ 危害
  指がはさまれる

次に、同じ要領で家庭用ドアの危害発生のプロセスを考えてみたい。

55

　まず、使用環境を考える。家庭用ドアの場合はプレス機と異なり、使用者が子供から高齢者まで様々な使用者がいることを忘れてはいけない。また使用に関して特別な教育もしないのが一般的である。
　本例では、子供がドア付近にいる場合を想定し、危害発生のプロセスを考えてみる（操作は大人が行うとする）。
イラスト例：家庭用ドア

図11　ドアの危険箇所－その1

この家庭用ドアの場合、各プロセスの内容は以下と考えられる。

■人
　子供
■危険源
　ドアの取付け部の隙間（指をはさみ込む隙間がある）
　↓
■危険な状態
　子供がドアとの間に手を入れられる距離にいる（隙間に指を入れられる距離にいる）
　↓
■安全方策の不足・不適切・不具合
　以下のような方策が無い、または不適切な場合
　➢ 締まる速度が遅くなりゆっくり弱い力で締まる機構の設置
　➢ 蛇腹などで指が入らないカバー構造がドアの取付け部にある

■ 危険事象発生
　ドアの閉時にドアとドア枠の間に子供の指が入った状態になる

■ 回避の失敗
　ドアが閉まる時、子供が手を引くのが遅れる

■ 危害
　指がはさまれる

というプロセスが考えることができる。

実は上記で示した箇所以外にも事故の発生が考えられる。

ドアの下の床との隙間に子供の指がはさまる事故である。

図 12　ドアの危険箇所－その 2

　この部分について先の環境下での危害発生のプロセスを考えてみると、以下のようになる。

■ 人
　子供
■ 危険源
　ドア下の床との隙間（足の指をはさみ込む）

■ 危険な状態
　ドアと床の間に足の指がはさまる

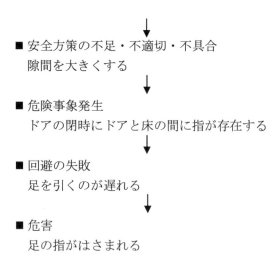

- 安全方策の不足・不適切・不具合
  隙間を大きくする

- 危険事象発生
  ドアの閉時にドアと床の間に指が存在する

- 回避の失敗
  足を引くのが遅れる

- 危害
  足の指がはさまれる

　以上のような考え方で危害発生のプロセスを考えてみると、その事故に至る危険源を把握することができる。また、危険源から危害に至るリスクシナリオも論理的に想定することができ、リスクアセスメントでの見落としが少なくなる。

　上記事例のような危害に至るリスクシナリオをどのようにして改善していくのかという考え方を書いたのが以下のプロセス図（ISO/IEC Guide 51）である。これは、リスクアセスメントを実施する際の基本的フローとなっている。

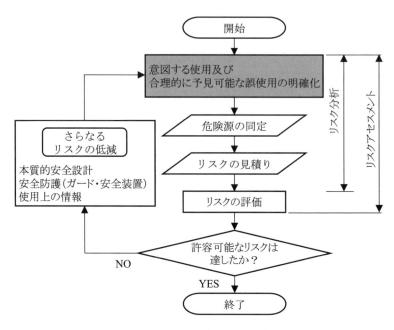

図13　リスクアセスメントとリスク低減のフロー（ISO/IEC Guide 51:1999）

このプロセスは「開始」から始まり、最初に「意図する使用及び合理的に予見可能な誤使用」で、機械はどのような使い方をされるか、人はどのような使い方をするか、合理的予見可能な誤使用を含め危害に至る情報を整理する。次に「危険源の同定」を行う。危険源を検討し、「意図する使用及び合理的に予見可能な誤使用」で検討した危害に至る情報と組み合わせることによって、リスクシナリオを明確にする。製品によって異なるが、このリスクシナリオは相当数に上るのが一般的である。

危険源により想定されたリスクシナリオの「リスクの見積り」を行い、リスクレベルを明確にする。その結果を「リスクの評価」プロセスで評価を行い、その結果が「許容可能なリスクに達したか」で社会許容に達していれば、リスクアセスメントプロセスは終了となる。

リスクアセスメントは、以上のプロセスを基本として考える。

「許容可能なリスクに達したか」のプロセスで、許容可能レベル以上の場合は、「さらなる低減対策」を前述の「本質的安全設計方策」、「安全防護及び付加保護方策」、「使用上の情報」の順で行う「3 ステップメソッド」で方策検討実施する。

「さらなる低減対策」に自身によって新たに想定される危害については「意図する使用及び合理的に予見可能な誤使用」から再度同じプロセスを繰り返すこととなる。

その結果を「許容可能なリスクに達したか」プロセスで、許容可能なリスクに達するまで反復し、リスク低減を図る。このため、リスク低減策は複数行われることがある。

リスクアセスメントのポイントを整理してみると、以下のとおりとなる。
- ■ 「意図する使用及び合理的に予見可能な誤使用」
  具体的には危害シナリオを考える。
- ■ 「危険源の同定」
  考えた危害シナリオの中にどんな危険が潜んでいるかを考える。
- ■ 「リスクの見積り」
  事故が発生する確率と、事故が発生した場合の危害（けが）の程度を見積る。
- ■ 「リスクの評価」
  その確率と危害の程度を評価してどのくらいのリスクレベルかを考える。
- ■ 「許容可能なリスクに達したか」
  その評価したリスクが社会で許容可能なレベルかどうかを判断する。
  ここで社会許容以上のリスクがある場合は、「さらなるリスクの低減」を実施する。
- ■ 「さらなる低減対策」
  「さらなる低減対策」を行った場合は、対策後の製品で考えられる使用を考え再度その危険源リスクアセスメントを行う。
  （さらなる低減対策を実施したために新たなリスクが発生している場合があるため）

# 1.4　リスクアセスメントで考慮すべき事項

　リスクアセスメントを行うにあたって、リスクシナリオを見つけ出すこと、またその検討や評価も多面的に行う必要があり容易ではなく、チームによるアプローチが望ましいとされている（付録 A2 参照）。

　リスクアセスメントは、以下のポイントに留意して実施することが望ましい。

(1)情報収集内容

　　リスクアセスメントを実施する際は、様々なリスクシナリオを想定し、その危険源を抽出することが重要となる。より多くのリスクシナリオを想定するためには、その材料となる情報を可能な限り収集することが近道となる。

　　収集すべき情報の例としては以下がある。
- 過去のトラブル情報
- 他社事例・他社製品
- 社内の失敗事例
- 市場要求（環境）変化
- 市場の文化
- 業界基準など任意基準の要求事項
- 法・規制の要求事項
- 製品試験データ
- 機械異常発生時の情報
- 海外情報
- 予見できる誤使用

(2)情報収集の範囲

　　情報を収集するためには、可能な限り広く収集することが求められる。その際のポイントは以下のとおり。
- 社内の情報に限らず広く社外の情報も収集する。
- 特に最先端の技術によってリスクの対策が可能な情報などは重要。
- 現在知りえる情報を活用してリスクを抽出する。
- 実際の使用をモニターするなど人間工学的な見地から得た知見など製品に生かすことも効果が見込める。
- 製品の設計開発から廃棄までのプロセスの中で発生する様々なリスクの検討を行うことが重要。（プロセスごとに起こり得る危害シナリオを想定する）
- 多くの観点が必要なため、現場を熟知している人の意見を集める。
- プロセスによって環境やそれにかかわるオペレータの文化が異なる場合もあることも検討が必要。

■ 海外などへの輸出の場合は、それぞれのプロセスが係る法規や基準などにも注意を払うことが大切。

以上を踏まえリスクアセスメントをその手順に則って説明する。

# 2.　意図する使用及び合理的に予見可能な誤使用

　リスクアセスメントを始める際にまず行うことは、「意図する使用及び合理的に予見可能な誤使用の明確化」である。このプロセスでは、使用者のあらゆる使用方法を想定し、それに関連するリスクシナリオの基本情報を整理する。

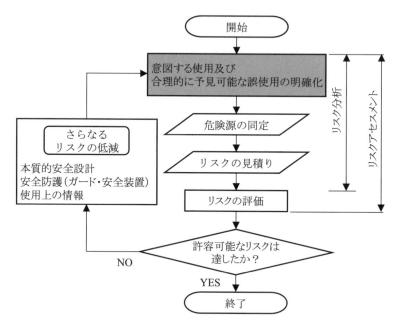

図14　リスクアセスメントとリスク低減のフロー（ISO/IEC Guide 51:1999）

　ここで使用される用語の定義（ISO 12100）は以下のとおりである。
- 「意図する使用」とは
「使用上の指示事項の中に提供された情報に基づく機械の使用」
- 「合理的に予見可能な誤使用」
「設計者が意図していない使用方法で、容易に予測し得る人間の挙動から生ずる機械の使用」

　定義される「意図する使用」、「合理的に予見可能な誤使用」、それ以外の使用（「意図しない使用」や「合理的に予見不可能な誤使用」、「異常使用」）の関係は以下の図のように示すことができる。

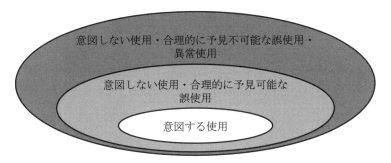

インターリスク総研作成

図15　使用・誤使用の関係

　前述のように、リスクアセスメントの基本は、製品の含有リスクレベルを社会の許容範囲内に抑えることである。許容範囲内に抑える対策や方策を検討するためには、対象となる製品のリスクシナリオを充分に想定したリスクアセスメントを実施することが必要となる。リスクアセスメントを行うには、「設計者の意図する使用」及び「設計者の意図しない使用・合理的に予見可能な誤使用」を対象とする必要があり、リスクアセスメント実施者は、「設計者の意図する使用」及び「合理的に予見可能な誤使用」の範囲を正しく理解していることが重要となる。

　なお、「合理的に予見不可能な誤使用・異常使用」はリスクアセスメントの対象外とされている。

---

コラム

　ISO 12100 では、上述の「意図する使用・合理的に予見可能な誤使用」を明らかにすることを「機械類の制限の決定」として、以下の項目を考慮するよう求めている。

➢ 使用上の制限
➢ 意図する使用・機械運転モード・使用局面・オペレータの介入方法
➢ 合理的に予見可能な誤使用
➢ 空間上の制限
➢ 時間的制限

---

# 3.　危険源の同定

　「危険源の同定」は、想定したリスクシナリオの危害を引き起こす潜在的根源を探し出すリスクアセスメントの二番目のプロセスであり、リスクアセスメントで最も重要なプロセスである。なぜなら、危険源が同定されないと、リスク低減方策が実施されないからである。危険源を同定することで、リスク低減方策の方向性が決まる。

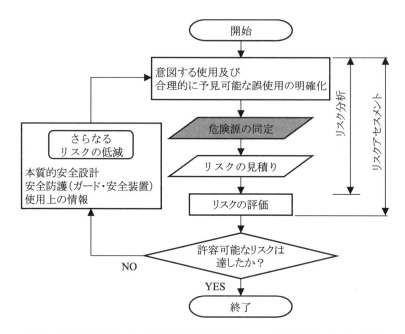

図 16　リスクアセスメントとリスク低減のフロー　(ISO/IEC Guide 51:1999)

## 3.1　危険源同定の手法

（1）ISO/IEC Guide 51 による危険源の同定

　ISO/IEC Guide51 では、「機械的」・「電気的」・「熱的」・「騒音」・「振動」・「放射」・「材料及び物質」・「人間工学原則の無視」・「すべり、つまずき及び墜落」・「各危険源の組合せ」、「機械の使用される環境」などが

　　　■ ライフサイクルの各局面
　　　■ 機械で起こりえる状況　正常作動・機能不良
　　　■ オペレータの意図しない挙動・合理的に予見可能な機械の誤使用

の各局面で起こるかどうかを検討し、危険源抽出をする。

64

（2）JIS B 9702 の附属書 A による危険源の同定

　　JIS B 9702 の附属書 A にある危険源リストには参考となる危険源が網羅的に記載されている。危険源を基に対象製品のリスクシナリオを想定することや、想定したリスクシナリオの抜け漏れチェックなどに活用でき有効な表である。

表 1　JIS B 9702 附属書 A 危険源リスト

| 危険源、危険状態及び危険事象 | | | |
|---|---|---|---|
| 1 | 危険源 | | |
| | | | 機械的危険源 |
| | | | (1) 機械部品又は加工対象物が発生する。 |
| | | | 例えば、次の事項から起こるもの |
| | | | a) 形状 |
| | | | b) 相対位置 |
| | | | c) 質量及び安定性（重力の影響を受けて動く構成要素の位置エネルギ） |
| | | | d) 質量及び速度（制御又は無制御運転時の構成要素） |
| | | | e) 不適切な機械強度 |
| | | | (2) 例えば、次の項目から起こる機械内部からの蓄積エネルギ |
| | | | f) 弾力性構成要素 |
| | | | g) 加圧下の液体及び気体 |
| | | | h) 真空効果 |
| | | 1.1 | 押しつぶしの危険源 |
| | | 1.2 | せん断の危険源 |
| | | 1.3 | 切傷又は切断の危険源 |
| | | 1.4 | 巻込みの危険源 |
| | | 1.5 | 引込み又は捕捉の危険源 |
| | | 1.6 | 衝撃の危険源 |
| | | 1.7 | 突刺し又は突通しの危険源 |
| | | 1.8 | こすれ又は擦りむきの危険源 |
| | | 1.9 | 高圧流体の注入又は噴出の危険源 |
| 2 | 電気的危険源 | | |
| | | 2.1 | 充電部に人が接触（直接接触） |
| | | 2.2 | 不具合状態下で充電部に人が接触（関節接触） |
| | | 2.3 | 高電圧化の充電部に接近 |
| | | 2.4 | 静電気現象 |
| | | 2.5 | 熱放射、又は短絡若しくは過負荷などから起こる溶融物の放出や化学効果などその他の現象 |
| 危険源、危険状態及び危険事象 | | | |
| 3 | 次の結果を招く熱的危険源 | | |
| | | 3.1 | 極度の高温又は低温の物体若しくは材料に人が接触し得ることによって火災又は爆発、及び熱源からの放射による火傷、熱傷及びその他の障害 |
| | | 3.2 | 熱間又は冷間作業環境を原因とする健康障害 |
| 4 | 次の結果を招く騒音から起こる危険源 | | |
| | | 4.1 | 聴力喪失（聞こえない）、その他の生理不調（平衡感覚の喪失、意識の喪失など） |
| | | 4.2 | 口頭伝達、音響信号、その他の障害 |
| 5 | 振動から起こる危険源 | | |
| | | 5.1 | 各種の神経及び血管障害を起こす手持ち機械の使用 |
| | | 5.2 | 特に劣悪な姿勢と組み合わされたときの全身振動 |
| 6 | 放射から生ずる危険源 | | |
| | | 6.1 | 低周波、無線周波放射、マイクロ波 |
| | | 6.2 | 赤外線、可視光線及び紫外線放射 |
| | | 6.3 | X線及びγ線 |
| | | 6.4 | α線、β線、電子又はイオンビーム、中性子 |
| | | 6.5 | レーザ |

| 7 | 機械類によって処理又は使用される材料及び物質（並びにその構成要素）から起こる危険源 | |
|---|---|---|
| | 7.1 | 有害な液体、気体、ミスト、煙霧及び粉じんと接触又はそれらの吸入による危険源 |
| | 7.2 | 火災又は爆発の危険源 |
| | 7.3 | 生物（例えば、カビ）又は微生物（ビールス又は細菌）危険源 |
| 8 | 例えば次の項目から起こる危険源のように、機械類の設計時に人間工学原則の無視から起こる | |
| | 8.1 | 不自然な姿勢又は過剰努力 |
| | 8.2 | 手－腕 又は 足－脚 についての不適切な解剖学的考察 |
| | 8.3 | 保護具使用の無視 |
| | 8.4 | 不適切な局部照明 |
| | 8.5 | 精神的負荷及び過小負荷、ストレス |
| | 8.6 | ヒューマンエラー、人間挙動 |
| | 8.7 | 手動制御器の不適切な設計、配置又は同定 |
| | 8.8 | 資格表示装置の不適切な設計又は配置 |
| 9 | 危険源の組合せ | |

**危険源、危険状態及び危険事象**

| 10 | 次の事項から起こる予期しない始動、予期しない超過走行／超過速度（又は何らかの類似不調） | |
|---|---|---|
| | 10.1 | 制御システムの故障／混乱 |
| | 10.2 | エネルギ供給の中断後の回復 |
| | 10.3 | 電気設備に対する外部影響 |
| | 10.4 | その他の外部影響（重力、風など） |
| | 10.5 | ソフトウエアのエラー |
| | 10.6 | オペレータによるエラー（人間の特性及び能力と機械類の不調和による8.6参照） |
| 11 | 機械を考えられる最良状態に停止させることが不可能 | |
| 12 | 工具回転速度の変動 | |
| 13 | 動力源の故障 | |
| 14 | 制御回路の故障 | |
| 15 | 留め具のエラー | |
| 16 | 運転中の破壊 | |
| 17 | 落下又は噴出する物体若しくは流体 | |
| 18 | 機械の安定性の欠如／転倒 | |
| 19 | 人の滑り、つまずき及び落下（機械に関係するもの） | |

**移動性によって負荷される危険源、危険状態及び危険事象**

| 20 | 走行機能に関連したもの | |
|---|---|---|
| | 20.1 | エンジン起動時の移動 |
| | 20.2 | 運転位置に運転者がいない状態の移動 |
| | 20.3 | すべての部品が安全位置にない状態の移動 |
| | 20.4 | 歩行者による制御式機械類の過大速度 |
| | 20.5 | 移動時の過大振動 |
| | 20.6 | 減速、停止及び固定するための機械能力が不十分 |

**移動性によって負荷される危険源、危険状態及び危険事象**

| 21 | 機械上の作業位置（運転台を含む）に関連したもの | |
|---|---|---|
| | 21.1 | 作業位置に入出時又は居るときの人の落下 |
| | 21.2 | 作業位置における排気ガス／酸素不足 |
| | 21.3 | 火事（運転室の可燃性、消火手段に欠如） |

| | | | |
|---|---|---|---|
| | 21.4 | | 作業位置における機械的危険源<br>　a)車輪に接触<br>　b)車にひかれる<br>　c)物体の落下、物体が貫通<br>　d)高速回転部の破損<br>　e)機械部品又は工具と人との接触（歩行者用の制御式機械） |
| | 21.5 | | 作業位置からの不十分な視認性 |
| | 21.6 | | 不適切な照明 |
| | 21.7 | | 不適切な座席 |
| | 21.8 | | 作業位置における騒音 |
| | 21.9 | | 作業位置における振動 |
| | 21.10 | | 避難／非常口の不備 |
| 22 | 制御システムによるもの | | |
| | 22.1 | | 手動操作器の不適切な配置 |
| | 22.2 | | 手動操作器及びその操作モードの不適切な設計 |
| 23 | 機械の取扱いから起こるもの（安定性の欠如） | | |
| 24 | 動力源及び動力伝達装置によるもの | | |
| | 24.1 | | エンジン及びバッテリから起こる危険源 |
| | 24.2 | | 機械間の動力伝達から起こる危険源 |
| | 24.3 | | 連結及び牽引から起こる危険源 |
| 25 | 第三者から起こる又は第三者に及ぼす危険源 | | |
| | 25.1 | | 無許可の起動／始動 |
| | 25.2 | | 停止位置から移動する部分のずれ |
| | 25.3 | | 視覚又は聴覚警告手段が欠如又は不適切 |
| 26 | 運転者／オペレータに対する指示が不十分 | | |
| **持上げによって付加される危険源、危険状態及び危険事象** | | | |
| 27 | 機械的危険状態及び危険事象 | | |
| | 27.1 | | 次の事項から起こる荷の落下、衝突、機械の転倒 |
| | | 27.1.1 | 安定性の欠如 |
| | | 27.1.2 | 無制御状態の荷役－過負荷－転覆モーメントの超過 |
| | | 27.1.3 | 無制御状態での運動の振幅 |
| | | 27.1.4 | 予期しない／意図しない荷の移動 |
| | | 27.1.5 | 不適切なつかみ装置／付属装置 |
| | | 27.1.6 | 1台以上の機械の衝突 |
| | 27.2 | | 人が負荷支持体に接近することから起こるもの |
| | 27.3 | | 脱線から起こるもの |
| | 27.4 | | 部品の不十分な機械的強度から起こるもの |
| | 27.5 | | プーリ、ドラムの不適切な設計から起こるもの |
| | 27.6 | | チェーン、ロープ、つり上げ装置並びに付属品の不適切な選定及び機械への不適切な組込みから起こるもの |
| | 27.7 | | 摩擦ブレーキで制御した荷下しから起こるもの |
| | 27.8 | | 組立／試験／使用／保全の異常状態から起こるもの |
| | 27.9 | | 人にかかる負荷の影響から起こるもの（荷やつり合い重りによる衝撃） |
| 28 | 電気的危険源 | | |
| | 28.1 | | 落雷から起こるもの |
| 29 | 人間工学原則の無視によって発生する危険源 | | |
| | 29.1 | | 運転先からの不十分な視認性 |

| 地下作業によって付加される危険源、危険状態及び危険事象 | | |
|---|---|---|
| 30 | 下記事項による機械的危険源及び危険事象 | |
| | 30.1 | 動力式屋根支柱の安定性欠如 |
| | 30.2 | レール上を走行する機械類の加速又は制御の故障又は欠如 |
| | 30.3 | レール上を走行する機械類の非常制御の故障又は欠如 |
| 31 | 人の移動の制限 | |
| 32 | 火災及び爆発 | |
| 33 | 粉じん、ガス、その他の放出 | |
| 人のつり上げ又は移動によって付加される危険源、危険状態及び危険事象 | | |
| 34 | 次の事項による機械的危険源及び危険事象 | |
| | 34.1 | 不適切な機械的強度－不適切な運転係数 |
| | 34.2 | 負荷制御の故障 |
| | 34.3 | 人を搬送する機械の制御装置の故障（機能、優先度） |
| | 34.4 | 人を搬送する機械の超過速度 |
| 35 | 人を搬送する機械からの人の落下 | |
| 36 | 人を搬送する機械の落下又は転覆 | |
| 37 | ヒューマンエラー、人間挙動 | |

　この危険源リストで項目19までは機械全般を想定したものであり、項目20以降は移動性を有するなど特別な特徴を有する機械を想定している。

　この危険源リストは1999年に作成されたものが元であり、対応する2015年現在の最新の危険源リストはISO 12100:2010（JIS B 9700:2013）の附属書Bである（付録A3参照）。

(3)その他の危険源分析（抽出する）手法

　JIS B 9702 附属書 A の危険源リスト以外にも、代表的な危険源分析（抽出する）手法は数多く存在している。企業の評価システムや評価者・過去の評価実績などの条件により、最適な分析（抽出する）手法を使用する。網羅性向上のため複数の手法の併用を行うケースもある。

表 2 危険源分析手法の一例

| | |
|---|---|
| **チェックリスト法**<br>（ISO 14121附属書A、ISO 14971<br>（JIS T 14971 医療機器安全）附属書D等） | 長所：誰でも見落としなくチェックが<br>　　　可能。項目の変更が容易<br>短所：項目以外はチェックできない |
| **What-if法**<br>　　・・・したらどうなる？<br>**JHA（Job Hazard Analysis）**<br>　作業手順を追っていく | 長所：論理的に想定がしやすい<br>短所：想像力・経験により想定誤差が<br>　　　多い |
| **FTA（Fault Tree Analysis）**<br>　危険事象から出発し部品故障に到着 | 長所：論理的に想定がしやすい<br>短所：想像力・経験により危険事象の<br>　　　見落とす可能性あり |
| **FMEA（Failure Modes and Effect Analysis）**<br>　部品故障から出発し危険事象に到着 | 長所：論理的に対策検討が可能<br>短所：社会許容との相対評価が難しい<br>　　　部品数が多いと手間が多い |

## 3.2　危険源同定時の注意点

　機械によっては複数の運転モードがあり、各運転モードにより異なる危険源が発生する場合がある。そのため、運転モードごとに危険源を同定することが求められる。

　危険源同定を達成するために，以下を同定することが必要である。
- ■ 様々な部品
- ■ 機械の機構若しくは機能
- ■ 必要があれば加工材料
- ■ 機械が使用される環境
- ■ 機械類によって遂行される運転
- ■ 機械と関与する人によって遂行されるタスク

　運転モードごとの危険源の同定に加え、様々な工程に関連する全ての合理的に予見可能な危険源、危険状態又は危険事象を同定する必要がある。

　JIS B 9702 附属書 A のリストは、このプロセスに活用できる「危険源」、「危険状態及び危険事象」の例を示している。

　ただし、このリストはあくまでも例であり、個々の製品特性や機械使用工程に応じて項目を追加して正規の使用に直接的に関連しない合理的に予見可能な危険源や、危険状態又は危険事象も同定しなければならない。

　危険源の同定では、設計者は種々の運転モード及び、オペレーションだけではなくメン

テナンスなど種々な形で機械と関係することを考慮する必要がある。以下を参照し、対象の製品に人が係る作業の検討を行うべきである。

■ 機械と人の係る作業が発生するポイント
 □ 製作
 □ 運搬、組立て、設置
 □ 立上げ
 □ 使用
  ➢ 設定（ティーチング・プログラミング）
  ➢ 運転
  ➢ 清掃
  ➢ 不具合の発見
  ➢ 保全
  ➢ 使用停止、分解、廃棄

■ 機械の状態により起こり得るリスクシナリオの想定
 □ 機械は意図された機能を果たす
 □ 機械は次の多様な理由で意図された機能を果たさない
 □ 加工材料又はワークピースの特性又は寸法の変化
 □ 構成部品又は機能の一つ（又は複数）の故障
 □ 外的妨害（例えば衝撃、振動、電磁妨害）
 □ 設計誤り又は設計不良
 □ 動力供給異常
 □ 周囲の状態

■ オペレータの意図しない挙動又は合理的に予見可能な機械の誤使用
 □ オペレータによる機械の制御不能
 □ 機械を使用中に、機能不良、事故又は故障が生じたときの人の反射的な挙動
 □ 集中力の欠如又は不注意から生じる挙動
 □ 作業遂行中「最低抵抗経路」をとった結果として生じる挙動
 □ 全ての事態において機械を稼働させ続けるというプレッシャーから生じる挙動
 □ 特定の人の挙動（例えば子供、障害者）
  など

## 3.3　事例検討

(1)例題

　　ここで事例を見てみる。どのようなリスクシナリオが想定でき、その危険源は何があるかを考えてみる。

図 17　プレス作業の例

■ リスクシナリオ例

　　プレス作業中、誤って足踏みスイッチを踏んでしまったため、プレス機盤が下がり手をはさまれた。

■ 危険源の例

　　上記のリスクシナリオに基づいて、危険源と関連するリスク要素として同定されるものは以下である。

　　□　(危険源) スライダの圧力

　　　　強い圧力で指がつぶれる

　　　　また、このリスクのリスク要素として下記がある。

　　□　(リスク要素) 足でスイッチ操作する

　　　　手がプレス機内にあっても起動してしまう

　　□　(リスク要素) 足踏みスイッチにカバーがない。

　　　　足踏みスイッチに物を落とし起動した。

(2) 練習問題
①危険源練習問題 1

図 18 を見て危険源として何があるか考えてください。
前述の JIS B 9702 附属書 A を参考に考えてください。

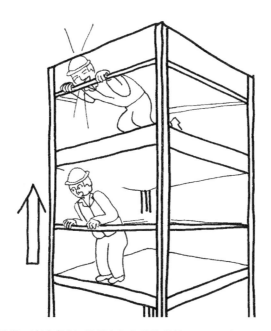

　水産食料品製造業の冷凍庫内に設置された荷物専用エレベーター
（積載荷重 290kg、定格速度 0.138m/毎秒、揚程 3.7m、搬器の間口 1.45m、奥行 1.5m、高さ 1.4m
のロープ式）

出典：中央労働災害防止協会ホームページ

図 18　荷物専用エレベーターのリスクアセスメント

ここでは次のようなリスクシナリオが考えられる。

■ このエレベーターは、搬器への出入口を除き、搬器の周囲及び天井に囲いが設
けられておらず、作業者が搬器に搭乗すると身体の一部が外に出てしまうような
構造となっていた。そのため、搬器及び昇降路に囲いなどを設けていなかったた
めに、搬器からはみ出た体がはさまれた。
■ 荷物専用とは知らず、本エレベーターに搭乗したことにより、乗員が搬器より
はみ出しはさまれた。このエレベーターは、その構造上、荷物専用のものであっ
たが、会社はその使用について特段の指示や安全衛生教育も行わず、また、作業
者もその危険を認識していなかった。

■ エレベーターのメーカーが構造要件の具備（構造的に人が搭乗してはいけない事）を指導しなかったため、体が搬器よりはみ出しはさまれた。このエレベーターのメーカーは、定期的に巻上げ用ワイヤロープの交換をし、ユーザーと接する機会があったが、人が乗るエレベーターに必要な構造要件などについて適切な指導を行っていなかった。

　以上のシナリオを基に、JIS B 9702 附属書 A の「機械的危険源」、「移動性によって付加される危険源・危険状態及び危険事象」などから以下の危険源とリスク要素が考えられる。

■ （危険源）人が乗れる（荷物専用なのに人が乗れる構造）
■ （リスク要素）回避できない速度（上への移動であり回避が間に合わなかった）
■ （リスク要素）搬器外に物がはみ出す構造（乗った人が身を乗り出せる構造）

②危険源練習問題 2
　図 19 を見て危険源として何があるか考えてください。
　JIS B 9702 附属書 A を参考にしてください。

　加工プログラムの設定、CNC 旋盤による加工、誤差補正などを行ったが、設計値より 1/100 mm 大きかったので、それを調整するため、加工中の機械部品を CNC 旋盤にセットして回転させながら、軍手をした手にサンドペーパーを持って研磨する作業を行った。

出典：中央労働災害防止協会ホームページ

図 19　旋盤における巻込みの事故の状況

　ここでは次のようなリスクシナリオが考えられる。

- サンドペーパーを手に持って、これを回転する加工物に当てて研磨する作業を行ったためサンドペーパーごと手が巻き込まれた。回転する施盤の刃など機械部品に手が触れて巻き込まれる恐れのある危険な作業を行った。
- 軍手を着用して回転する加工物を研磨する作業を行ったため、軍手ごと手が巻き込まれた。Aは、軍手を着用し、サンドペーパーを持って研磨したため、回転する施盤の刃など機械部品に軍手が引っかかり、そのまま巻き込まれた。
- 作業手順書を作成せず、作業者任せで作業を行わせていたため、手が巻き込まれるリスクを知らず、手が巻き込まれた。この会社では、受注した加工物に対応した作業に使用する機械、作業方法、作業に関する禁止事項などについて会社として検討した作業手順書を作成することなく、作業者の判断に任せていた。このため、上記の危険な作業を禁止していなかった。
- 安全衛生管理が不十分だったため、リスクに関する予知ができず手が巻き込まれた。この会社では、作業者に対する基本的な安全衛生教育、経営幹部などによる職場の巡視などの安全衛生管理を実施していなかった。

以上のシナリオに対し、JIS B 9702 附属書 A「機械的危険源」、「移動性によって付加される危険源・危険状態及び危険事象」などを参考にすると、以下の危険源とリスク要素が考えられる。

- （危険源）回転部
- （リスク要素）稼働時機械回転部が隔離されていない。
  回転部に手が入る構造。
- （リスク要素）回転中手作業が可能。
  サンドペーパを使った手作業による追加工が行われた。
- （リスク要素）軍手をはめて作業。
  軍手が巻き込まれる可能性を知らなかった。
- （リスク要素）回転が速く強い。
  巻き込まれたら自力で回避は困難。

以上のように、リスクシナリオを考え、その上で危険源を想定するやり方や、JIS B 9702 附属書 A のような危険源リストからシナリオを導き出し、リスクの見積りプロセスに至る考え方がある。

# 4.　リスクの見積り

## 4.1　「リスクの見積り」とは

　リスクの見積りとは、リスクシナリオにおいて同定された危険源について「起こりうる危害の程度と、その発生確率を明確にすること」である。「リスク見積り」には様々な手法があるが、見積りや評価基準には客観的な定量的判定基準を使用することが重要である。しかし、必要な定量的データをリスク要素ごとに全て入手する事は困難であり、定性的なリスク見積りが実施されることが実際には多い。この定性的なデータに基づいた場合でも、規格に基づき系統的にリスクアセスメントを実施することで、抜け、漏れの少ないアセスメントが可能となり、事故の未然予防に役立つことになる。

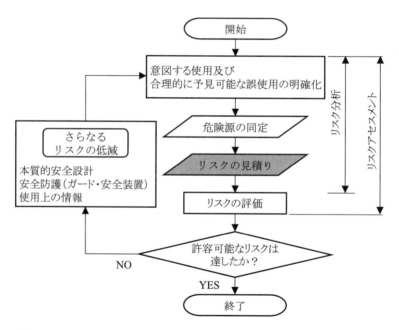

図20　リスクアセスメントとリスク低減のフロー（ISO/IEC Guide 51:1999）

## 4.2　「リスク見積り」の概要

　身の回りの多くの製品（消費生活用品）では危害の程度と、その発生確率の二次元で検討されることが一般的である。しかし、産業機械などは回避可能性や毒性や暴露の程度な

ども見積りの指標に使用される。

代表される要素としては以下の 4 項目がある。

- 発生頻度
- 暴露危険性
- 回避可能性
- 危害の程度

※手法や対象製品によって、評価項目の表現や見積り内容が異なる。

表 3　各製品の評価項目

| 製品群 | 主な評価項目 |
|---|---|
| 消費生活用品 | 危害の程度、発生確率 |
| 印刷機械 | 傷害発生の可能性、危険源にさらされる頻度、起こり得る災害のひどさ、危険源にさらされる人数 |
| 産業機械 | 潜在する危害のひどさ、危険源への暴露頻度及び時間、危険事象の発生確率、危害回避又は制限の可能性 |
| パーソナルケアロボット | 危害のひどさ、暴露頻度・時間、発生確率、回避・制限 |

手法によってはこれらの項目に限らない。

# 4.3　「リスク見積り」の手法

「リスク見積り」の手法には多くの種類があるが、ISO/IEC Guide 51 のリスクアセスメントプロセスの「リスク見積り」＋「リスク評価」までを同時に行ってしまう手法もある。以下に「評価」という言葉が登場するのはそのためである。

本項では ISO/IEC Guide 51 のリスクアセスメントプロセスの「リスク見積り」についてのみ触れる。

「リスク見積り」はその手法によって見積り方が異なる場合がある。

また、メーカーによって見積る際の基準も異なる場合があり、製品に適した手法の選択が重要となる。

以下に、一般的な手法とその特徴を記載する。

表4　リスク見積りの方法

| 手法例 | 内容 | 特徴 |
|---|---|---|
| 加算法 | リスク評価要素毎の評価点の合計値で総合評価 | リスク評価要素の増減が容易 |
| 積算法 | リスク評価要素毎の評価点の積算値で総合評価 | 加算法よりも低減効果が数値に反映 |
| マトリクス法 | 危害の程度と危害の発生頻度の2軸のマトリクスにプロットし評価 | リスク低減方策の効果を確認しやすい |
| リスクグラフ法 | リスク評価要素毎に評価分岐路を設け最終的なリスク評価を行う | 比較・妥当性が容易 |

# 4.4　手法紹介

　以下、リスク見積りするための「加算法」と「リスクグラフ法」、「マトリクス法」の代表的な手法を紹介する。

(1)加算法

　　ここでは、「JIS B 9716 機械類の安全性―ガード―固定式及び可動式ガードの設計及び製作のための一般要求事項」に記載の加算法の例を示す。

　　傷害の程度、暴露頻度、危険事象の発生確率、災害回避又は制限の可能性、をそれぞれ項目ごとに4段階の評価とし、それぞれ段階により点数が定まっている。

　　これを以下の式に代入し、その結果によってリスクレベルを決定する方法である。

リスクレベル＝

　　　　傷害の程度＋暴露頻度＋危険事象の発生確率＋災害回避又は制限の可能性

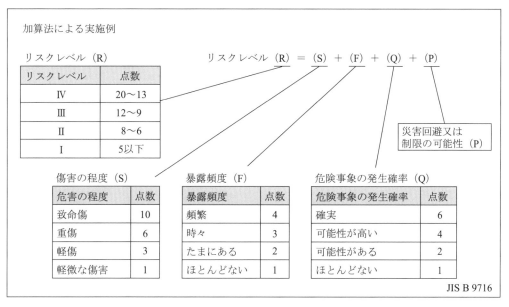

図20　加算法によるリスクの見積り

（2）リスクグラフ法

　　ここでは、ISO 13849-1:2008（機械類の安全性－制御システムの安全関連部）Annex A
のリスクグラフから一部抜粋し紹介する。

　　本手法は、最初に「けがの重要度」によって2段階に振り分け、さらに「危険にさら
される頻度」で2段階に振り分け、その結果を「危険を避ける、あるいは損害を制限す
る可能性」で振り分け8段階のリスクレベル別に分ける評価法である。

表5　リスク因子

| S | けがの重要度<br>（Severity of Injury） | S1 | 軽傷 |
| | | S2 | 重傷（後遺障害・死亡など） |
| F | 危険にさらされる頻度<br>（Frequency and/or Exposure to Hazard） | F1 | まれに発生するか短時間 |
| | | F2 | 頻繁に発生するか長時間 |
| P | 危険を避ける、あるいは損害を制限する可能性<br>（Possibility of Avoiding Hazard or Limiting Harm） | P1 | 特定の条件下で可能 |
| | | P2 | 不可能 |

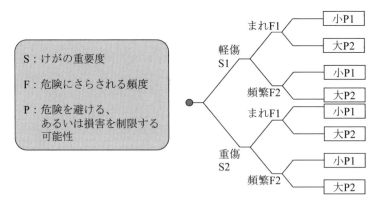

図21　リスクグラフ—ISO 13849-1 附属書 A による

(3)リスクグラフ法

　　ここではアメリカ産業ロボット規格による評価例を紹介する。

　　産業用ロボットに関する米国国家規格 ANSI/RIA R15.06「産業用ロボット・ロボットシステムのための安全性に関する要求事項」による評価法がある。

　　評価項目は、ひどさ（後遺症が残る／残らない）、頻度（頻繁：1回／時間以上）、回避可能性（不可能：250 mm/s 以上、可能：250 mm/s 未満）の三つであり、各項目によりそれぞれ分類することで、八つのカテゴリに分類しリスク評価を行う。

(4)マトリクス法

　　ここでは、JIS C 0508 電気・電子・プログラマブル電子安全関連系の機能安全（IEC 61508)における定性的評価例を参考として紹介する。

　　JIS C 0508-5:1999 は機能安全の代表的な規格であるが、以下は一般的なリスク評価例（附属書 B）である。以下のマトリクス法評価例では、傷害のひどさを 4 段階（無視可能、軽い、重い、悲劇的）、傷害の起こりやすさを 6 段階（決してない、可能性なし、僅かに、時々、可能性あり、十分にあり得る）に分け、以下のような表の該当部分にプロットし、あらかじめセルごとに決めてある評価レベル（無視可能、許容可能（ただしコスト高の場合）、推奨できない、許容不可）によって評価する。

マトリクス法による評価例

| 傷害のひどさ / 傷害の起こりやすさ | 無視可能 | 軽い | 重い | 悲劇的 |
|---|---|---|---|---|
| 決してない | I | I | I | I |
| 可能性なし | I | I | II | II |
| 僅かに | I | II | II | III |
| 時々 | II | II | III | IV |
| 可能性あり | II | III | IV | IV |
| 十分にあり得る | III | IV | IV | IV |

I　無視可能

II　許容可能（ただしコスト高の場合）

III　推奨できない

IV　許容不可

図 22　マトリクス法によるリスクの見積り

# 5.　リスクの評価

　リスクの評価は、リスクの見積りによって得られた結果について、リスク低減目標を達成したかどうかを判断することである。すなわち、メーカーは「合理的に達成可能なできるだけ低い領域までリスクを下げる[5]」ことができているかどうかを評価し、適正なものを製品化することになる。

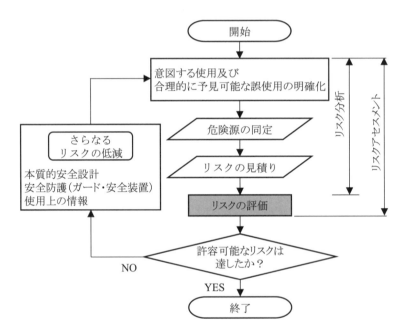

図 23　リスクアセスメントとリスク低減のフロー（ISO/IEC Guide 51:1999）

　当該評価を行うにあたっては、評価基準を設けることが必要である。この評価基準として、国際的な基準をベースにすることが一般的である。しかし、国際基準に従ったとしても事故は発生し得ることや、国内市場が要求する品質レベルに到達していないことも少なくない。そのため、国際基準よりも高い自社評価基準を設定している企業も多い。

---

[5] ISO/IEC Guide 51 には「合理的に達成可能なできるだけ低い（As Low As Reasonably Practicable）」領域までリスクを下げる原則。」という ALARP 原則がある。他のリスク評価で用いられる原則は本編の付録 A4 参照。

# 6. 「許容可能なリスクに達したか」の判断

「許容可能なリスクに達したか」プロセスは、前項の「リスクの評価」において、リスク分析に基づき、リスク低減目標を達成した場合に「許容可能なリスクに達した」と判断し、ISO/IEC Guide 51 のリスクアセスメントプロセスの終了となる。

1. プロセス終了の判断

ISO/IEC Guide 51 のリスクアセスメントプロセスによって「社会が許容するリスクレベルになった場合や、メーカーの安全性要求レベルを達成した場合、リスクアセスメントプロセスが終了する。この終了に必要な判断要素として重要なものを以下に示す。

- ■ リスク低減目標の達成
- ■ 3 ステップメソッドの適用
- ■ 適切な安全防護形式
- ■ 明確な使用上の情報の提供と熟知
- ■ 操作手順の技量調和
- ■ 明確な作業慣行・訓練の記述
- ■ 十分な追加方策

など

以上のような項目を確認し、最終的なリスクの評価で社会が許容するレベルになったと評価された場合に、リスクアセスメントプロセスが終了となる。

しかし、この評価結果が「社会が許容するレベル」を達成していない場合は、ISO/IEC Guide 51 のリスクアセスメントプロセスによって「さらなるリスクの低減」にて新たな「方策」を検討する。そのうえで検討した方策を施した製品のリスクアセスメントを再度、「意図する使用及び合理的に予見可能な誤使用」プロセスから見直すことになる（リスク低減が 3 ステップメソッドで十分図られない場合は、意図する使用＝製品の基本仕様を変更することになる）。

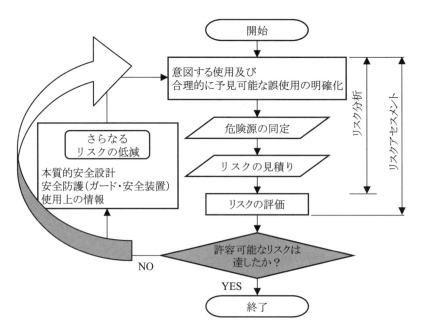

図24　リスクアセスメントとリスク低減のフロー（ISO/IEC Guide 51:1999）

# 7. リスク低減方策
# （使用者に対するリスクアセスメント）

　リスク評価をした結果、許容可能なリスクに低減できていない場合、「6.「許容可能なリスクに達成したか」の判断」に示したとおり、「本質的安全設計方策」、「安全防護及び付加保護方策」、「使用上の情報」の順で行う「3ステップメソッド」に基づき方策検討実施し、リスク低減を図る必要がある。

　ISO 12100（機械の安全性－基本概念，設計の一般原則）によると、「適切なリスクの低減」で現在の技術レベルを考慮したうえで、少なくとも法的要求事項に従ったリスクの低減を行うとしている。

　これらの手段として、以下の二つを挙げている。

- ■ 設計者による方策（本質安全、安全防護・付加保護、使用上の情報）
- ■ 使用者による方策（組織、追加安全防護物、保護具、訓練）

　また同規格では、機械の設計者側のみならず、使用者側に対しても安全を図るリスクアセスメントを求めている。なぜなら、本規格の主対象である産業機械は機械側のみのリスク低減方策の実施ではリスク低減に限界があるためである。

　使用者による具体的なリスクアセスメントの結果、使用者により実施される保護方策は、組織・（安全手順、監督、作業許可システム）追加安全防護物の準備及び使用、保護具の使用、訓練となる。

　以下は、リスクアセスメントに関する設計者と使用者の方策と、それに対するリスク低減をイメージした ISO 12100 の図である。

　このように、産業機械などは、最終的な使用者によってもリスク低減方策を講じることが重要である。

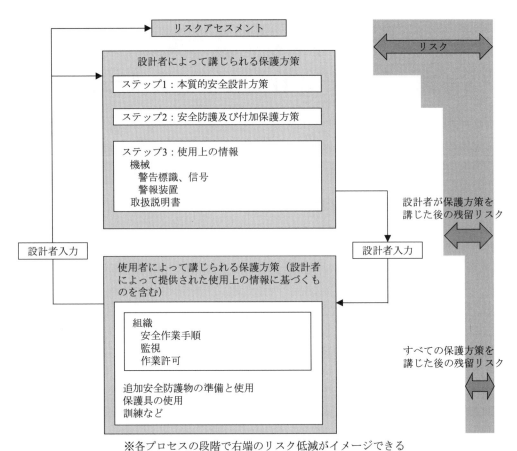

※各プロセスの段階で右端のリスク低減がイメージできる

図25　3ステップメソッドとリスク低減－ISO 12100 による

# 8. 訴訟事例～フロントガラスカバーPL 訴訟 (仙台地方裁判所平成 13 年 4 月 26 日判決)～

　本章では、設計責任を問われた製造物責任裁判事例を紹介し、裁判所が求めるリスクアセスメントの訴訟について検討する。なお、本製品は裁判後販売が中止され、同様の固定方式の製品も流通していない。

## 8.1　訴訟の概要

(1) 当事者
　　被告：B（自動車用品を製造・販売する株式会社)
　　原告：A（購入者）

(2) 対象製品
　　フロントガラスカバー

図 26　対象製品（フロントカバー）の使用方法（イメージ図）

## 8.2　製品概要

　本製品は、自動車のフロントガラス、サイドガラス及びサイドミラーを覆うもの。冬は凍結防止カバーとして、夏は日よけとして使用するものである。

　取付けはゴムひもの先端についた金属製フックを自動車のフロントドア下部のパネル（サイドシルパネル）とフロアパネルの溶着部のフランジに引っ掛ける構造となっていた。

## 8.3　使用方法

(1)製品を自動車のフロントガラス一面に広げる。
(2)左右のドアミラーに袋をかぶせる。
(3)使用時は付属の固定ゴムひもを調節して接続させた金属製フック四個を、ドア下のエッジ（サイドシルとフロアパネルの合わせ面）に掛けて固定する。

## 8.4　製品仕様

(1)フックは、直径約 1.5 mm の針金状の金属を左右約 1 cm の長さの U 字形に成形したものであるが、小さくて手に持ちにくい。
(2)製品のゴムひもの張力は、0.24 から 0.33 kgf（キログラム重）であり、フックが外れた場合、ゴムひもの張力によって跳ね上がったフックは、勢いよく車両のルーフを超える高さにまで跳ね上がるものであった。
(3)フックは、針金状の金属を成形したものであるため、弾力性のないエッジなどに掛けた場合、荷重が板状のエッジなどに対して点でかかることになり、装着状態が不安定である。

## 8.5　事故の概要

　以下では被告：メーカー＝A　原告：購入者＝B とする。平成 11 年 1 月上旬、午後 9 時 50 分ころ、自動車用品販売店から、A が製造販売した本件製品を購入した B は、駐車場において原告自動車のエンジンを止めて、後部の荷物入れから本件製品を取り出し装着を始めた。

　製品のカバー全体をフロントガラスに掛け、サイドミラーにカバーの袋部分を掛けた後に、B は、自動車の右前の部分、右後ろ部分、左後ろ部分の順に、ゴムひものフックを何度か手探りを繰り返し掛けた。

　最後に B は、しゃがんで何度か手探りをして、左前部分のエッジにフックを掛けた。そ

して、フックがきちんと装着されたかどうか確認するために、しゃがんだままゴムひもの
フックの上 10 cm くらいの箇所を触った。

　フックの車体下のエッジへの掛かり具合が不十分であったことに加え、原告のゴムひも
への触れ方がたまたまゴムひもを上から下に押す形となった。そのため、フックが外れ、
ゴムひもの張力で勢いよく跳ね上がったフックが B の左眼に突き刺さった。

## 8.6　判決の概要

　「本件製品は、自動車のフロントガラスなどの凍結防止カバーであり、フックを自動車
のドア下のエッジに掛けて固定する構造のものである。

　装着者がかがみ込んでフックを掛けようとすることは当然であり、しかも、本件製品が
使用されるのは、自動車のフロントガラスなどの凍結が予測される寒い時期の夜であるこ
とが多い。

　そのような状況下で本件製品の装着作業が行われると、フックを 1 回で装着することが
できず、フックを放してしまう事態が生じることは当然予想されるところである。しかも、
フックを放した場合、ゴムひもの張力によりフックが跳ね上がり、使用者の身体に当たる
事態も当然予想されるところである。

　ところが、本件製品の設計にあたり、フックが使用者の身体に当たって傷害を生じさせ
る事態を防止するために、フックの材質、形状を工夫したり、ゴムひもの張力が過大にな
らないようにするなどの配慮はほとんどされていない。

　本件製品は、設計上の問題として、通常有すべき安全性を欠き、製造物責任法三条にい
う「欠陥」を有しているといわなければならない」として約 2,855 万円の損害賠償を認め
た。

## 8.7　判決から導かれる事故予防・再発防止のための

## 　　　リスクアセスメントのポイント

(1) 判例でも示されているとおり、以下は通常予見される使用環境である。
- 製品の特性からすれば、装着者がかがみ込んでフックを掛けようとすること
- 本件製品が使用されるのは、自動車のフロントガラスなどの凍結が予測される寒
　い時期の夜に本件製品の装着作業が行われると、フックを 1 回で装着することがで
　きず、フックを放してしまう事態が生じること

(2) このような使用状況を想定すれば、フックが使用者の身体に当たって傷害を生じさせる
　というリスクシナリオを描くことは可能であり、対応する危害として顔面や眼に重大な
　怪我を負うことが予想される。

(3)フックの材質、形状、ゴムひもの張力などについて本質的安全設計方策を行うことにより、リスクの低減は可能である。さらに追加で正しい装着方法について指示警告することもリスク低減方策として考えられる。

## 8.8　想定される危険源

　ISO/IEC Guide 51 のリスクアセスメントプロセスに従って、事故シナリオから考えられる危険源とリスク要素は下記である。

(1)（危険源）張力の高いゴムと体に当たったとき刺さりやすい形状のフック.

(2)（リスク要素）小さくて持ちにくいフック

(3)（リスク要素）取付け方法の設定不適切（固定部確認が困難）

(4)（リスク要素）設計時の取付け環境の想定不備（取付け部の氷付着の想定）

など

## 8.9　本事故は、危害の程度と発生頻度から対策が必要と考えられる。

　同定された危険源に対して以下の対策が考えられる。

(1)本質的安全設計対策

- ■ ゴムひもの廃止（調整式のひもに変更）
- ■ 固定部を視認性の良い場所に変更
- ■ フックの形状変更（当たってもけがをしない）　　　など

(2)使用上の情報

- ■ 取扱説明書の警告表示
- ■ 製品上の警告標識
- ■ 販売時に使用上の情報提供　　　など

# 9. 事故から学ぶリスクアセスメントの重要性

## 9.1 事故概要

表6 事故概要

| 事件発生年 | 2006 年 |
|---|---|
| 事故の場所 | 静岡市の自宅兼事務所 |
| 被害者 | 2 才の女児 |
| 被害状況 | シュレッダーの紙投入口に誤って両手を入れ、指 9 本を切断（投入口のセンサが、女児の手に反応して機械が作動した） |
| ※事故発生後のメーカーの対応 | 消費生活センター経由で事故を把握したメーカーは経済産業省に対し報告。<br>投入口の幅を、金型を変更し、8 mm から 3 mm に改良。<br>当時投入口の幅については、法令上の基準はなかった。 |

## 9.2 危険源とリスク要素の検討

本事故の危険源と関連するリスク要素は下記と想定される。

(1)（危険源）裁断エネルギが強いシュレッダーの歯
    （入った指を切断するエネルギを持っている）

(2)（リスク要素）紙投入口の開口面積大
    （子供の指が入る）

(3)（リスク要素）紙投入口地面高さが低い
    （投入口が子供の手が届く高さ）

(4)（リスク要素）自動的に動いてしまう機構
    （紙だけではなく指でもセンサが起動）

(5)（リスク要素）投入口から裁断部までの距離が短い
    （投入口から入れた子供の指が裁断部に触る）

(6)（リスク要素）投入口から裁断部まで曲率が低い導入曲線
    （投入口から細断刃まで子供の指が届く形状である）

　　事故当時は個人情報保護法施行によって書類廃棄の方法が国民の関心事であった。そのため事務所に急速に普及した製品であった。

　　設計時に想定使用環境に幼児の存在を想定していたら、設計が変わっていた可能性がある。

　　本シュレッダーは業務用として販売され、子供のいる環境での想定がされていなかった。しかし、製品の販売形態は一般事務用品店で誰でも購入可能であった。本事例では「事務所の使用」という想定に想像力が欠如していたと考えられる。（事務所は大人だけという固定概念があった）

　　このことから、設計時にはあらゆる観点から検討を行うことが重要であることがわかる。

## 9.3　本質的安全設計対策、安全防護・付加保護対策、使用上の情報の検討

　以上の事故情報や検討した危険源情報を基に、本質的安全設計対策、安全防護・付加保護対策、使用上の情報の検討をしてみるとこのような案が考えられる。

- ■ 本質的安全設計対策
  - □ 切断エネルギを指が切れない程度に低減する（この場合、作業性は大きく低下するため、実際の製品での実施は困難）
  - □ 指が刃に届かない設計
  - □ 投入口の開口幅を小さくし子供の指が入らない寸法にする
  - □ 投入口から裁断部までの距離を設け指が届かない構造にする
  - □ 投入口から曲率の高い紙導入経路にして指を入れることができない構造にする
  - □ 投入口高さを子供の届かない高さにする
- ■ 安全防護・付加保護対策
  - □ 起動は自動ではなく両手で左右のスイッチを押す機構とする
  - □ 指が入ったら、止まる
  - □ 投入口付近を抑えると自動停止する機構
  - □ 不使用時に投入口を覆うガードの設置（実際の製品であります）
  - □ 子供の手の届かないところに設置（保管）（使い勝手が悪いため、実行されない可能性大）
- ■ 使用上の情報
  - □ 「指を入れるな」と書く
    幼児は字が読めない可能性大（効果なし）

## 9.4　実際の各社の対策内容

各社の有効な対策として危険事象を発生させないために
- 子供の指が入らないこと
- 指が入っても切断刃に届かないこと

を考えて対策をしていることが以下の公表された対策内容から読み取れる。
- 紙投入口の幅を狭くし、指が入りにくくした
- 紙投入口から切断刃までの距離を長くして、指が届かなくした
- 紙投入口から切断刃までの紙導入路形状を変更し指が入らなくした
- 荷重がかかると停止する装置の設置

いずれも、設計当初から十分に検討可能な対策ばかりである。

事故製品のメーカーは事故対応に莫大な時間と労力・コストを要している。開発設計時に、リスクアセスメントの実施ができていれば、事故を防げ、事故対応のコストは不要となった可能性がある。

以下に参考として公表された各社の具体的対策内容を参考に記載する。

A 社
(1) 投入口の幅を、パーソナルタイプで 2.5 mm、オフィスタイプは 3.5 mm に統一。
(2) 「0 歳児の小指爪の厚さの最小値」であるという 3.9 mm を基準とし、指が入らない設計にしたという。また、投入口から刃までの距離は両タイプとも 45.0 mm 以上に設定。これは 3 歳未満の幼児の指の長さを 44.0 mm とする基準をクリアした。
(3) 万が一、指が巻き込まれても、刃までは届かない仕様になっている。

B 社
(1) 紙の導入路の曲率を大きくして指が入らなくした。
(2) カッターまで指が届かない距離にした。

その他の会社
(1) 電源が容易に入らないよう対策
(2) 投入口にふたを設置
(3) 細断中に投入口の縁に手や指が触れると運転を停止する機能を追加

# 10.　リスクアセスメントの実務

　リスクアセスメントは、社会が許容する安全な製品を作る上で大切なプロセスだが、有効に実施するためにはリスクアセスメントが機能するように、検討する組織や検討手順などの決まりをシステムとしてあらかじめ決めておくことが必要となる。そのためには、常にリスクアセスメントができるように組織システムの改善検討を定期的に行うことが大切である。

　リスクアセスメントを行うために重要なことは以下のとおりである。
- リスクアセスメントの仕組みを作ること
- リスクアセスメントを有効に活用できる組織にすること
- どの段階で誰がいつ行い、その結果をどのように活用するか具体的な規則が必要である
- 定期的なリスクアセスメントのレビューも重要である（社会許容の変化に応じて）
- できるだけ初期プロセス（設計段階）で行うこと
- リスクアセスメントは製品がかかわる設計・製造上の重要プロセスごとに繰り返し行うこと
- 複数の人員で行うなど、様々な観点で行うこと
- 製品の使用されるあらゆるプロセスに対して検討すること
- 情報収集は逐次行い評価・検討・対策を行うこと
- 検討結果はデータベース化し以後の製品作りに活用すること
- リスクを見つけ出す人材を育成すること
- 販売後も市場情報を収集して評価・検討すること

　リスクアセスメントに関する情報は、インターネット上で多数公開されている。以下にその例を示す。適時参照して各自のリスクアセスメント能力向上に役立ててほしい。
- 厚生労働省
- METIRA
- 日機連
- 消費者庁
- NITE
- 消費者センター
- 中災防

　リスクアセスメントを含む安全の知識・運用能力を測る資格試験も実施されている。安全の入門レベルの試験として以下がある。

■ システムエンジニア安全アソシエイト
■ セーフティアセッサ

　これらのより高度なレベルの資格試験は、平成26年の厚生労働省通達（基安発0145第3号、基安安発0145第1号）の求める機械の設計技術者・生産技術管理者に対する機械安全教育に該当するとされている。資格試験により自らの能力を客観的に示すことができる。興味ある読者はチャレンジして欲しい。

以上

# 11.　付録

## A1.　裁判と規格

　ISO/IEC Guide 2 標準化及び関連活動－一般的な用語（JIS Z 8002）では、標準化、規格を次のように定義している。

- 標準化（standardization）：実際の問題又は起こる可能性がある問題に関して、与えられた状況において最適な秩序を得ることを目的として、共通に、かつ、繰り返して使用するための記述事項を確立する活動。
- 規格（standard）：与えられた状況において最適な秩序を達成することを目的に、共通的に繰り返して使用するために、活動又はその結果に関する規則、指針又は特性を規定する文書であって、合意によって確立し、一般に認められている団体によって承認されているもの。注記 1 ：規格は、科学、技術及び経験を集約した結果に基づき、社会の最適の利益を目指すことが望ましい。
- 合意（consensus）：本質的な問題について、重要な利害関係者の中に妥協できない反対意見がなく、かつ、全ての関係者の見解を考慮することに努める過程及び対立した議論を調和させることに努める過程を経たうえでの全体的な一致。注記：合意は、必ずしも全員の一致を必要としない。

このことから、規格は過去の事故の教訓の集大成であることが理解できる。

　一方、事故の責任を巡る裁判が行われる場合、その事故の予見可能性と回避可能性が争点となる。規格を過去の事故の教訓の集大成と考えると、規格には予見可能な事故と、その回避方法が示されていると考えられる。日本では JIS 規格は任意規格であり、JIS 規格を守らなくても直ちに法令違反とは一般にならない。しかし、事故の予見可能性、回避可能性と規格に強い相関が考えられることから※、製品・サービスの開発に置いてリスクアセスメントを含む関連規格に十分配慮することは、事故と簡列する訴訟を回避し、事業を持続的に発展させるために重要なことである。

※大阪地裁判決（平成 21 年 9 月 28 日）：遊園地のジェットコースターの車軸が疲労破断し、コースターが脱線、死亡事故が発生し、業務上過失致死傷罪に関して裁判が行われた。関連する JIS 規格では 1 年に 1 回の車軸点検を要求していたが、遊園地では未実施であった。遊園地側は「JIS は任意規格で順守義務なし」と主張した。裁判所は、同 JIS は関連業界で広く使われており、法律にない点検詳細は JIS で示されると理解されるべきとし、遊園地側の責任を認めた。

# A2. リスクアセスメントのチームアプローチの推奨

● 一般にリスクアセスメントはチームで実施することが望ましい。しかし、合意形成に手間がかかるなどのチームでの実施の負の側面に注意する必要がある。危険源が十分に理解されている機械ではチームで実施することが不要の場合もある。
● チームでのリスクアセスメントの成功は、チームリーダーのスキルにかかっている。
● チームメンバー構成例
　　a) 技術者（設計、機能に関する技術的知識）
　　b) 使用者（運転、セットアップ、保守、整備の実務経験）
　　c) 事故履歴の知識を有する者
　　d) 安全関連規則・規格の知識を有する者
　　e) 人的要因を理解しているもの
（参考：ISO TR 14121-2:2012　SS4.2）

# A3.　危険源リスト

　2015 年現在のリスクアセスメントの関する最新の規格（ISO 12100:2010（JIS B 9700:2013））での危険源リストは以下のとおりである。この新しい危険源リストは本文にある旧版に比べ整理されているが、表現に具体性が欠ける面がある。リスクアセスメントの初学者は、具体的表記の多い旧版の危険源リストを学んだ上で、最新版の危険源リストを用いることが望ましい。

(1)機械的危険源の例

| 原因 | 潜在的結果 |
|---|---|
| －加速、減速（運動エネルギ）<br>－角のある部品<br>－可動部の固定部への接近<br>－切断部<br>－弾力性構成要素<br>－落下物<br>－重力（蓄積エネルギ）<br>－地面からの高さ<br>－高圧<br>－機械類の移動性<br>－可動部<br>－回転部<br>－未加工の滑りやすい表面<br>－尖った端部<br>－安定性<br>－真空 | －ひかれる<br>－放り投げられる<br>－押しつぶし<br>－切断又は引裂き<br>－引込み又は捕捉<br>－巻込み<br>－擦れ又は擦りむき<br>－衝撃<br>－注入<br>－せん断<br>－滑ること、つまずくこと、転倒すること<br>－突刺し又はパンク<br>－窒息 |

(2)電気的危険源の例

| 原因 | 潜在的結果 |
|---|---|
| －アーク<br>－電磁現象<br>－静電気現象<br>－充電部<br>－高電圧下の充電部に接近<br>－過負荷<br>－不具合状態下の充電状態になった部分<br>－短絡<br>－熱放射 | －火傷<br>－化学的作用<br>－医療用インプラントへの影響<br>－感電<br>－転倒、放り投げられる<br>－発火<br>－溶融物の放出<br>－衝撃 |

## (3) 熱的危険源の例

| 原因 | 潜在的結果 |
|---|---|
| －爆発<br>－火炎<br>－高温又は低温の物体又は材料<br>－熱源からの放射 | －火傷<br>－脱水<br>－不快<br>－凍傷<br>－熱源からの放射による傷害<br>－熱傷 |

## (4) 騒音危険源の例

| 原因 | 潜在的結果 |
|---|---|
| －キャビテーション現象<br>－排気系統<br>－高速のガス漏れ<br>－製造工程（打抜き、切断など）<br>－可動部<br>－きさげ仕上げ表面<br>－不平衡の回転部<br>－ピーピー音を出す空気圧<br>－磨耗部分 | －不快<br>－意識の喪失<br>－平衡の喪失<br>－永久的な聴覚喪失<br>－ストレス<br>－耳鳴り<br>－疲労感<br>－その他（例えば、機械的、電気的）のもので、<br>　口頭伝達又は音響信号の干渉の結果 |

## (5) 振動危険源の例

| 原因 | 潜在的結果 |
|---|---|
| －キャビテーション現象<br>－可動部の芯のずれ<br>－移動形機器<br>－きさげ仕上げ表面<br>－不平衡の回転部<br>－振動する機器<br>－磨耗部分 | －不快<br>－腰の病気<br>－神経系障害<br>－骨関節障害<br>－背骨の外傷<br>－血管障害 |

## (6)放射危険源の例

| 原因 | 潜在的結果 |
|---|---|
| －電離放射線源<br>－低周波電磁放射線<br>－光学的放射線（赤外、可視及び紫外）、レーザを<br>　含む<br>－無線周波電磁放射線 | －火傷<br>－目及び皮膚の損傷<br>－生殖能力への影響<br>－遺伝的変異<br>－頭痛、不眠など |

## (7)材料及び物質危険源の例

| 原因 | 潜在的結果 |
|---|---|
| －エアロゾル<br>－生物学的及び微生物学的（ウイルス又は細菌の）<br>　作用物<br>－可燃物<br>－粉じん<br>－爆薬<br>－繊維<br>－引火物<br>－流体<br>－ヒューム<br>－ガス<br>－ミスト<br>－酸化剤 | －呼吸困難、窒息<br>－癌<br>－腐食<br>－生殖能力への影響<br>－爆発<br>－発火<br>－感染<br>－変異<br>－中毒<br>－感作 |

## (8)人間工学危険源の例

| 原因 | 潜在的結果 |
|---|---|
| －接近<br>－指示器及び視覚表示装置の設計及び位置<br>－制御装置の設計、位置又は識別<br>－過度の労働<br>－明滅するもの、目を眩ますもの、影、ストロボ<br>　効果<br>－局部照明<br>－精神的過負荷／負荷不足 | －不快<br>－疲労<br>－筋骨格障害<br>－ストレス<br>－その他（例えば、機械的電気的）で、ヒューマ<br>　ンエラーの結果としてのもの |

| | |
|---|---|
| ―姿勢<br>―反復活動<br>―視界 | |

(9)機械を使用する環境に付随する危険源の例

| 原因 | 潜在的結果 |
|---|---|
| ―粉じん及びフォグ<br>―電磁妨害<br>―照明<br>―湿気<br>―汚染<br>―雪<br>―温度<br>―水<br>―風<br>―酸素不足 | ―火傷<br>―軽度の疾病<br>―滑ること、転倒<br>―窒息<br>―その他のもので、機械又は機械の部品上の危険源によって発生する作用の結果としてのもの |

(10)危険源の組合せの例

| 原因 | 潜在的結果 |
|---|---|
| ―例えば、反復活動＋過度の労働＋高環境温度 | ―例えば、脱水、意識の喪失、日射病 |

# A4. リスク評価で参考にできる原則

- ALARP 原則：「合理的に達成可能なできるだけ低い（As Low As Reasonably Practicable）」領域までリスクを下げる。合理的に達成可能かどうかは、技術的な実現可能性と経済的な実現可能性を考慮して判断する。 JIS C 0508-5 附属書 B, JIS T 14971 附属書 E に説明がある。
- GAMAB（GAME）原則：既存の類似製品と比較して「全体として少なくとも同様（Globalement Au Moin Aussi Bon）」のレベルまでリスクを下げる
- MEM 原則：「最低内因死亡率（Minimum Endogenous Mortality）」以下にリスクを下げる。 最低内因死亡率は、事故及び先天的奇形の影響を除く自然死亡率で最低のもの（先進国における 5～15 才の自然死亡率）であり $2\times10^{-4}$ 人／年である。 MEM 原則を用いる場合は、さらに負傷者数の影響も考慮する。

（**参考**：CENELEC, Railway Applications, The Specification and Demonstration of Reliability,Availability, Maintainability and Safety（RAMS）, Part 2: Guide to the application of EN 50126 for Safety, prTR 50126-2, 2005）

# 第III編　安全と技術者の責任

# 1.　はじめに

　本講座の主な目的は、製品製造に携わる企業の従業員、特に技術者が、安全に関して果たすべき責任について知識を修得することである。このため、本講座では、製品などの安全を図るうえで、「技術者としてどのような点に留意し、どのような責任を果たすべきか」という観点から、主に法律上の責任に関連した内容を中心に取り上げる。

　もちろん、安全を追及する技術者としての責任は、法律上求められることだけ限られるものではなく、様々な分野における知識や経験が必要となるが、法律上の責任についての知識は、技術者としての責任を考える上で、基本的な前提として当然に踏まえておく必要がある。

　また、実際の企業活動や業務を進めるにあたっては、法律をはじめとして決められたルールを守るだけではなく、社会的責任の観点を踏まえた対応に努めるべきである。すなわち、企業は広く社会との関係において存在しているのであり、製品の安全性に関しても、単に法律を守り法律にふれないようにするだけではなく、幅広く安全を追及していく責任がある。法律を守ること、法律について知ることは、責任を果たすための最低限の条件となる。

　企業の社会的責任については、4 章でも述べるが、上記のような法律上の責任の位置づけや社会的責任との関係性について十分念頭に置いた上で読進めていただきたい。

# 2.　技術者の責任について

　この章では、技術者を含む熟練労働者の法的な責任に関して、古代〜近代〜現代に至るまで、その考え方がどのように変わってきたかをたどることにより、現代の制度成立に至る歴史的な背景について学習する。これにより、次章以降で学ぶ現代日本の制度について、より深く理解するための一助とする。

## 2.1　古代社会における結果責任主義

(1)同害報復の法〜Lex Talionis〜

　　「目には目を，歯には歯を」という同害報復の規定（同一の加害によって報復を行う刑罰）は、ハンムラビ法典、ローマ法など、古代社会には普遍的に見られる。一見すると残酷なようにも見えるが、実際の加害内容と同等の懲罰を加害者に課すことをルール化し、過剰な報復を禁ずることで、被害者・加害者双方による報復の連鎖や拡大を防いでいるともいえる。（より平たく言いかえると、例えば、家族に重傷を負わされた者が復讐として加害者を殺害し、加害者の家族が復讐として被害者の家族を皆殺しにするなど、怨念による復讐はとかくエスカレートし、放置すると多大な社会的損失につながるおそれがあるため、これに歯止めをかけるための措置と見ることができる。）

(2)結果責任主義と技術者の重い責任

　　この中でも、注目すべきは、「熟練者、高度の技術を持つものにはより重い責任」を負わせていたことである。ハンムラビ法典、マヌ法典にそのような規定が見られる。また、故意ではなく、誤って他人を傷つけた場合の救済措置も用意されていたケースもある。旧約聖書の「逃れの町」、中国古代刑法における「過失」の概念がこれに相当する。

　　①ハンムラビ法典における大工の責任

　　　現存する人類社会最古の成文法といわれる「ハンムラビ法典」には、「家を建てたものは、建築が適切に行われなかったことにより家が壊れ、その住人を死なせることがあった場合には死罪に処す」との条文があった。古代バビロニアの建築家は、自らの技量が及ばずに建築物が崩壊して顧客を死に至らしめたとき、自らの命によって失敗を償わなければならなかったということである。

　　　近代以前の社会にあっては、こうした「結果責任」あるいは「原因責任」と呼ばれる原理によって、行為者はその責任を厳しく追及されたことの代表例といえる。

（ハンムラビ法典における大工の責任に関する条文）

> **第 229 条**
> 　自分の技術が十分でなかったために家が壊れ、持ち主を死なせた時は，その家を建てた大工を死刑とする
> **第 230 条**
> 　家がこわれて持ち主の息子が死んだ時は、大工の息子を死刑とすること
> **第 232 条**
> 　家がこわれて持ち主の財産がこわれた時は、大工はそれを償うこと

②古代インドのマヌ法典における御者の責任

　　古代インドの法律である「マヌ法典」には、馬車の御者（ぎょしゃ）が不注意により事故を起こした場合の条文がある。この規定によれば、御者が熟練者の場合は、当該御者のみが罰金を課される一方、御者が熟練者でなかった場合は、馬車の乗客が分担して罰金を負担することとされていた。つまり、熟練者は非熟練者に比べて重い責任を有するという法律である。

　　ここで、前述のハンムラビ法典を思い出してもらいたい。大工は、家を建てるのに失敗して持ち主を殺したら死刑となった。それは，当時の建築技術の水準が高い水準にあって、大工は熟練者と考えられていたからである。

　　なお、余談であるが、ハンムラビ法典に出てくる医者は手術に失敗しても死刑とはなっていない。それは，当時の医療技術が進歩しておらず、医者の熟練のレベルが低かったためと考えられる。

（マヌ法典における御者の責任に関する規定）

> 　「もし御者が熟練者であって不注意によって事故を起こした時は、彼のみ罰金を課せらるべし。もし御者が未熟練者の場合には、車に乗っている全ての者が、各百（バナ、通貨の単位）ずつの罰金を課せらるべし。」

③旧約聖書の「逃れの町」

　　旧約聖書に「逃れの街」（のがれのまち）という記述がある（民数記 35 章）。意図せずに、すなわち過失により殺人を犯してしまった人が復讐から逃れて安全に住むことを保証された町のことである。

　　ヨルダン川の東側に三つの町、カナン人の土地（ヨルダン川の西側）に三つの町、合計で六つの町が「逃れの町」と定められていた。誤って人を殺した者はだれでもこの町に逃れることができるが、逃れの町に滞在することが認められるのは、敵意や怨恨でなく、故意でもないことが条件であり、後日改めてイスラエルの共同体による裁判を受け、過失であったことが認められねばならなかった。

（旧約聖書　民数記35章より）

> ヨルダン川の東側に三つの町、カナン人の土地に三つの町を定めて、逃れの町としなければならない。これらの六つの町は、逃れの町であって、誤って人を殺した者はだれでもそこに逃れることができる。

## 2.2　近代社会における変化（1）〜過失責任主義〜

　近代以前では、事件や事故などを起こした者には原則として結果責任によるペナルティーが課され、特に熟練者には重い結果責任が課されていたこと（ハンムラビ法典の大工、マヌ法典の熟練者の御者など）、熟練者以外の場合には一部救済措置があったこと（マヌ法典の未熟練の御者、旧約聖書の「逃れの町」など）は、これまで見たとおりである。

　今日の概念に従えば、これらの例において課されたペナルティーは、殺人・傷害など刑法に定められた犯罪行為を行ったことに対する刑罰と、他者の権利を侵害し損害を与えたこと（不法行為）に対する損害賠償責任の両方の概念を含むものである。両者は異なる性質を持つものであるが、近代法以前の社会においては刑事上の責任を規定する刑法と民事上の責任を規定する民法（不法行為法）が分化していなかった。

　近代社会においては、こうした近代以前の考え方に以下の二つの点で変化が生じた。ひとつは、刑罰によって犯罪者を処罰する権利が国家に独占されるようになり、刑事責任と民事責任が明確に区別されるようになった。もうひとつの相違点は、結果責任に代わって過失責任と呼ばれる原則が採られるようになったことである。過失責任とは、ある行為が他人に損害を与えたという因果関係があったとしても、行為者に故意や過失があった場合に限り賠償の責任を課そうというものである。

　刑事、民事の双方において「過失」の概念があるが、結果責任との対比において、過失責任の特徴をよりわかりやすく説明する観点から、まず、民事上の「過失」概念を取り上げる。民事上の過失とは、一言でいえば通常人に期待される注意義務に違反することで、「①一定の結果の発生を認識すべきであったにもかかわらず、不注意にもこれを認識しなかったり、②一定の結果の発生を防止すべきであったにもかかわらず、不注意にもこれを防止しなかったこと」をいい、私人間の様々な行為により「過失」による損害賠償責任が生じる可能性がある。

　なお、刑事上の「過失」概念についてもふれておきたい。刑事の場合、公益を守る観点（犯罪者に犯罪の報いを受けさせる、犯罪に対して刑罰を科されることを知らせることで一般人が罪を犯すことを防ぐとともに、犯罪者が再び罪を犯すことを防ぐ）からの処罰で、故意による犯罪行為があった場合の刑罰が主体である。このため、刑事上の「過失」については、後記の業務上致死傷害罪など特定の分野で過失による処罰が規定されるとともに、「疑わしきは罰せず」の原則から、過失の成立要件についてより厳密に判断される傾向がある。

（近代における変化のポイント〜結果責任から過失責任へ〜）
①刑罰によって犯罪者を処罰する権利が国家に独占されるようになり、刑事責任と民事責任が明確に区別されるようになったこと
②結果責任に代わって過失責任原則※が採られるようになったこと
　※過失責任原則とは
　　ある行為が他人に損害を与えたという因果関係があったとしても、行為者に故意や過失があった場合に限り賠償責任を科すという法原則。なお、刑事上は、基本的に「故意」による犯罪行為に刑罰が科されるが、業務上過失致死傷罪など特定の分野では過失による処罰が適用される。

## 2.3　近代における変化（1）〜日本の場合〜

　近代以前における傾向は、古代の日本社会においても同様であり、「罪を償う」という行為には刑罰に服するという意味と、被害者に対する賠償を行うという両方の意味があったが、近代に至り、刑事上の責任を規定する刑法と民事上の責任を規定する民法が成立することにより、両者の概念が分化を果たした経緯にある。

　この結果、例えば、民法709条において「不法行為」が規定され、故意又は過失により他人の法律上の権利を侵害した者は、損害賠償の責任を負うという民事上の過失責任原則に基づく規定が設けられた。また、古代の熟練者の責任に関する規定に相当するものとして、刑法211条で「業務上過失致死傷罪」が規定され、業務上の注意義務違反により他人を死傷させた者は、懲役、禁固又は罰金の刑罰を科されることとされた。

（近代における変化のポイント〜過失責任主義に基づく法律上の責任（例）〜）
民法709条（不法行為責任）
　故意又は過失によって他人の権利又は法律上保護される利益を侵害した者は、これによって生じた損害を賠償する責任を負う。
刑法211条（業務上過失致死傷罪）
　業務上必要な注意を怠り、よって人を死傷させた者は、5年以下の懲役若しくは禁錮又は100万円以下の罰金に処する。

## 2.4　近代における変化（2）〜過失責任主義の修正〜

　近代社会は、個人がそれぞれの意思に基づき自由な活動を行うことを認めることが基点となっており、過失責任主義は近代社会の要請する「個人の自由な活動の保護」という理念から導入された考え方である。

　一方、工業化の進展に伴いこの原則を修正する必要も生じてきた。もともと個人の自由という場合、それは対等な個人から構成される集団を想定している。しかし、例えば、工場排水による環境汚染などに不法行為責任を適用する場合、経済力や情報収集などの面で被害者と加害者の立場は対等ではなく、また、被害を受けた個人（消費者）が、加害者である企業を相手にして、企業の過失を立証することは、実際にはきわめて難しい場合が多い。（例えば、訴訟を継続するには相応の費用がかかるが、企業と個人である被害者では経済力（＝訴訟費用等の負担能力）に大きな差がある。また、相手方の責任を追及するためには、前提となる事故原因等について多くの情報を集め、評価する必要あるが、必要な情報の多くは企業内部にあり、被害者側での情報収集には限界がある。）

　こういったケースも想定すると、対等な個人間の争いを前提とした過失責任主義を一律に適用することは適切ではなく、ある意味で過失責任主義には限界があるということができる。同様のことは、業務中の事故等において、労働者が雇用主を訴えるケースや、工業製品の欠陥による事故により被害を受けた消費者が企業を訴える場合にもあてはまる。

　こうした中で、過失責任主義の修正が模索され、その中で工業製品による事故についても、過失の推定を認める方向が主流となってきた。現代の複雑な工業製品において、製品に起因する事故があった場合、製品の設計や製造工程で欠陥を生じさせるような故意・過失があったことを立証するということは、一般の消費者にとってきわめて困難である。そこで、20世紀後半以降、過失立証に関する被害者の負担を軽減するために、過失の存在を推定するという考え方が実際の裁判の中で編み出された。社会は、社会的な弱者としての消費者の立場に立つことにより、再び、熟練者・専門家の責任を重視する方向へ舵を切ったということがいえる。

　そのような考え方が広く受け入れられ、明文化されることで、製造物責任法の制定に至った経緯がある。製造物責任法においては、製品に起因する事故があった場合に、被害者（消費者）は、加害者（企業など）の故意・過失を立証する必要がなく、製品に欠陥があり、それによって被害が生じたことのみを立証すればよいことになり、立証に関する被害者の負担が修正されている。製造物責任法については、次章で詳しく述べることにしたい。

　（近代における変化のポイント〜過失責任主義の修正（例）〜）

○近代社会の過失責任主義は、対等な個人から構成される社会を前提とするが、実際には事故等の被害者である消費者が、加害者である企業の責任を追及することには限界。
　・雇用責任：労働者にとって雇主の過失の立証は困難
　・環境責任：工場排水等による環境汚染の過程における過失の立証は一般の消費者には困難
　・製造物責任：製品の製造工程における過失の立証も一般の消費者には困難
○このため、社会的弱者である被害者（消費者）の立場から、企業側の過失があったことの立証を軽減するなど過失責任主義を一部修正。社会は、再び、熟練者、専門家の責任を重視する方向へ。

# 3.　製造物責任

　この章では、製造物責任法を中心に、日本における製造物責任に関する考え方や事例について解説する。

　製造物責任法に基づく損害賠償責任は、民事上の責任である。

　「製造物」（以下「製品」という）の欠陥により事故が発生した場合、メーカーは「製造業者等」として製造物責任を問われる可能性がある。どのような場合に製造物責任が問われ、技術者としてどのようなことに注意すべきか、しっかり学んでいただきたい。

## 3.1　製造物責任とは

　製造物責任は、製品の欠陥を原因とする事故において、製品の製造業者等が被害者に対して負う責任であり、一般の不法行為や契約上の責任に基づく責任に比べて、次のような特徴がある。

(1)過失の有無を問わない

　　製品の欠陥による事故であれば、製造業者等はその過失にかかわらず賠償責任を負い、被害者は次の点の立証が求められる。

　（被害者（原告）側の立証事項）

　　　①製品の欠陥（メーカーすなわち製造業者等の過失の立証は不要）

　　　②損害の発生

　　　③①と②との間の因果関係（損害の原因が製品の欠陥であること）

(2)契約当事者でなくとも訴えられる

　　製品の欠陥による事故であれば、消費者が契約当事者でない完成品メーカーや部品メーカーを直接訴えることができる。

　以上のように、製品事故等の被害者が製造物責任法に基づきメーカーを訴える場合、①製品に欠陥があり、②それが原因となって損害（人身傷害や財物の損害）が発生したことを立証すればよく、加害者であるメーカーの過失（＝注意義務違反）があったことを立証する必要はない。2.4 の過失責任主義の修正でも指摘したが、その点、被害者側の立証責任が緩和されている点がポイントである。

## 3.2　製造物責任で問題となる欠陥

　製造物責任法にいう「欠陥」とは、「当該製造物の特性、その通常予見される使用形態、その製造業者等が当該製造物を引き渡した時期その他の当該製造物にかかる事情を考慮して、当該製造物が通常有すべき安全性を欠いていること」をいう（法2条2項）。

　「欠陥」には、以下の3種類がある（表1）。実際には、これら3種類の欠陥の複合（組合せ）により事故等の被害が発生する場合もある。消費者が、メーカーの製造物責任を追及する場合、該当製品にこれらのうちのいずれかの欠陥があり、それにより損害が発生したことを立証すればよいことになる。

表1　欠陥の種類と事例

| 種類 | 概要 | 想定される事例 |
|---|---|---|
| 設計上の欠陥 | 製品の開発・設計段階から安全面での配慮不足や構造的な問題があった場合。 | 回路の設計上の問題で携帯電話用の蓄電池が発熱・発火し、消費者に火傷を負わせた。 |
| 製造上の欠陥 | 製造過程の不備等により、設計段階で想定していた安全性が発揮できない場合。 | 設計仕様と異なる材質の原材料や部品を使用したために、製品フレーム部の強度が不十分となり、使用中に破損し、使用者が怪我をした。 |
| 指示・警告上の欠陥 | 取扱説明書の使用上の注意や警告ラベルの表示が不十分である場合。 | 市販のかぜ薬を飲んだ結果、発作を生じる副作用が発生したが、かぜ薬の説明書には副作用に関する注意・説明が十分でなかった。 |

## 3.3　責任追及と責任主体※

　原材料や素材を加工することにより製品（完成品）が作られ、それが消費者に届けられ、製品が使用されるまでの過程では、様々な関係者（企業）が関与する。下記の当事者関係図は、その一般的な関係を示したものである。

　製品事故による被害が発生し、消費者がメーカーの製造物責任を追及する場合、通常は、完成品メーカーを訴えることになるが、欠陥の原因が素材や原材料にあると考えられる場合、消費者が素材メーカーや原材料メーカーを直接訴えることも可能である。当事者関係図における左側の三者が製造物責任の主体となりうる。

　ただし、より一般的には、完成品メーカーが消費者から賠償請求を受け、その原因が素材や原材料にある場合、完成メーカーがいったん賠償金を負担し、その後、完成品メーカーから素材・原材料メーカーに対して賠償金相当額の支払いを求める（＝求償する）ケースが多い。

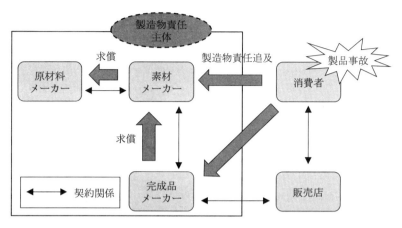

図 1　当事者関係図（例）

※製造物責任法上の責任主体について

　我が国の製造物責任法は、その責任主体を「製造業者等」とし（法 3 条）、①製造業者及び輸入業者（法 2 条 3 項 1 号）、②表示製造業者（同項 2 号）、③実質的製造業者（同項 3 号）の 3 類型をもって「製造業者等」と定義している。

　すなわち、製造業者（最終製品の製造業者のみならず、部品や原材料の製造業者も含まれる。）及び輸入業者を基本的な責任主体とし、非製造業者である販売業者等を除外するとともに、「表示製造業者」や「実質的製造業者」を責任主体に加えていることが特徴である。

　なお、「表示製造業者」は、自らは実質的に製造していなくとも「自ら当該製造物の製造業者として当該製造物にその氏名、商号、商標その他の表示をした者」（法 2 条 3 項 2 号前段）及び「当該製造物にその製造業者と誤認させるような氏名等の表示をした者」（同号後段）であり、また、「実質的製造事業者」は、表示上は製造事業者であることが明確でない場合にも「当該製造物の製造、加工、輸入又は販売に係る形態その他の事情からみて、当該製造物の実質的な製造業者と認めることができる氏名等の表示をした者」（法 2 条 3 項 3 号）となっている。

# 3.4　製造物責任の追及に関するその他の条件

(1) 製造物の範囲

　製造物責任法上、賠償請求ができる対象製品は下記のとおり「加工された動産」であり、不動産（土地・建物自体）やソフトウェア、農産物（加工されていないもの）は対象とならない。

①対象となる製品

　　大型コンピュータ、パソコン、周辺機器、機械、部品、化学製品、材料、繊維製品、家電製品など、「加工された動産」が対象となる。

②対象外の製品

　　農産物など加工されていない動産、不動産、ソフトウェアは、仮に欠陥があっても製造物責任の対象外である。（ただし、ソフトウェアについては、無体物であるソフトウェア自体は対象外であるが、ソフトウェアの組み込まれた自動機器は対象となる点に留意。）

　　なお、製造物責任法の対象にはならない場合にも、他の法令への違反や契約上の義務違反を理由に訴えることは可能である。

(2) 消滅時効について

　　下記の期間経過後は、製造物責任法に基づく責任追及はできなくなる。

　　なお、製造物責任法の時効期間以降も、民法の不法行為に基づく責任追及（民法の不法行為の消滅時効は事故発生から 20 年）は可能である。ただ、その場合は、メーカーに故意・過失のあったことを被害者が立証することが求められ、被害者にとって責任追及のための条件が厳しくなる。

①損害発生からの経過期間

　　損害（欠陥製品による被害）の発生と加害者の存在を知ってから 3 年間

②受渡し時からの経過期間

　　対象製品が消費者等に引き渡されてから 10 年間

(3) 免責事由

　　以下に該当する場合は、欠陥による事故があっても製造業者等は責任を負わない。

①開発危険の抗弁

　　対象製品を引き渡した時点における、科学又は技術に関する“最先端の知見”をもってしても、製造業者等が対象製品にその欠陥があることを認識できなかった場合が該当する。

　　ただし、「開発危険の抗弁」による免責の条件が、一般的に確立した科学・技術上の知見ではなく、“最先端の知見”によっても欠陥が認識されない場合であることに注意が必要である。

　　このことから、技術者にはその時点での最先端の科学的・技術的な知見が求められ、非常に重い責任があるといえる。技術者は、自己が関与する製品に関連し、消費者の危害につながるような理論やデータ等があれば、常に最新動向を把握し、製品開発等を行う上で検討に含める必要がある。（例えば、ある製品に新技術を採用するとして、仮に日本国内であまり知られていなくとも、海外では信頼に足る文献等において、その新技術の及ぼす危険性について理論やデータの公表がなされている場合、当該理論

やデータが示唆する危険性に気づかず、あるいは十分検討せずに製品化し事故が発生した場合、製造物責任を問われる可能性がある。技術者には、自己が携わる製品の安全性、危害可能性について幅広くかつ高いレベルでの知見が求められる。）

②部品・原材料業者の抗弁

　ある製造物が、他の製造物の部品又は原材料として使用された場合に、その欠陥が、他の製造物の製造業者が行った設計に関する指示※1 に従ったことにより生じた場合。ただし、以下の点を部品・原材料業者が立証する必要があり、必ずしも容易ではない。

　　（ⅰ）当該製造物が、他の製造物の部品又は原材料として実際に使用されたこと

　　（ⅱ）その欠陥が、他の製造物の製造業者が行った設計に関する指示に従ったことにより生じたこと

　　（ⅲ）その欠陥が生じたことにつき自らには過失※2 がないこと

　　　※1　一般的には、部品・原材料の納入先である完成品メーカー等による当該部品・原材料に関する具体的な仕様の指定などを指すが、どの程度具体的であれば、「設計上の指示」にあたるかは、個別ケースごとに訴訟等の中で判断される。

　　　※2　製造・加工ミスはもとより、その製造物の分野における平均的な製造業者の注意力からすれば、製造物に欠陥が生じることが予見できたのに、よく注意をしなかったため、これを知らないまま製造又は加工を行った場合には過失を認められ、責任は免除されない。

# 3.5　訴訟事例

(1) フロントガラスカバー受傷事件（仙台地方裁判所平成 13 年 4 月 26 日判決　判例時報 1754 号 138 頁・再掲）

　本件は、自動車のフロントガラスの凍結等を防止するために使用する「フロントガラスカバー」に関する訴訟である。フロントガラスカバー使用中に目に傷害を負った被害者がメーカーを訴えた結果、「設計上の欠陥」が裁判所により認められ、メーカーは被害者へ損害賠償責任を負うことになった。

　事故の詳しい経緯や裁判所の判断のポイントなど、以下に詳しく記載するので、よく読んで理解していただきたい。

①当事者

　被告：A（自動車用品を製造・販売する株式会社）

　原告：B（対象製品の購入・使用者）

②対象製品：フロントガラスカバー
（製品概要）
　自動車のフロントガラス、サイドガラス及びサイドミラーを覆うカバーであり、冬は凍結防止カバーとして、夏は日よけとして使用するものである。
（使用方法）
　本製品を自動車のフロントガラス一面に広げ、左右のドアミラーに袋をかぶせ、最初の使用時に購入者が付属の固定ゴムひもに調節して接続させた金属製フック4個を、ドア下のエッジ（サイドシルとフロアパネルの合わせ面）に掛けて固定するというもの。

図2　対象製品（フロントガラスカバー）の使用方法（イメージ図）

③事件発生経緯
　平成11年1月上旬、午後9時50分ころ、自動車用品販売店から、Aが製造販売した本件製品を購入したBは、B方駐車場において原告自動車のエンジンを止めて、後部の荷物入れから本件製品を取り出し装着を始めた。本件製品のカバー全体をフロントガラスに掛け、サイドミラーにカバーの袋部分を掛けた後に、Bは、B自動車の右前の部分、右後ろ部分、左後ろ部分の順に、ゴムひものフックを何度か手探りを繰り返し掛けた。最後に、Bは、しゃがんで何度か手探りをして、左前部分のエッジにフックを掛けた。そして、フックがきちんと装着されたかどうか確認するために、しゃがんだままゴムひものフックの上10 cmくらいの箇所を触った。フックの車体下のエッジへの掛かり具合が不十分であったことに加え、原告のゴムひもへの触れ方がたまたまゴムひもを上から下に押す形となったため、フックが外れ、ゴムひもの張力で勢いよく跳ね上がったフックがBの左眼に突き刺さった。

④判決概要

　　裁判所は次のように指摘し、この製品には「設計上の欠陥」があるとして、約2,855万円の損害賠償を認めた。

- ・ 本件製品は、自動車のフロントガラス等の凍結防止カバーであり、フックを自動車のドア下のエッジに掛けて固定する構造のものであるから、装着者がかがみ込んでフックを掛けようとすることは当然である。
- ・ 本件製品が使用されるのは、自動車のフロントガラス等の凍結が予測される寒い時期の夜であることが多い。このような状況下で本件製品の装着作業が行われると、フックを1回で装着することができず、フックを放してしまう事態が生じることは当然予想されるところである。
- ・ フックを放した場合、ゴムひもの張力によりフックが跳ね上がり、使用者の身体に当たる事態も当然予想されるところである。
- ・ ところが、本件製品の設計にあたり、フックが使用者の身体に当たって傷害を生じさせる事態を防止するために、フックの材質、形状を工夫したり、ゴムひもの張力が過大にならないようにするなどの配慮はほとんどされていないものである。

⑤裁判所が指摘した本製品の設計上の問題点

（フックの材質・形状）

　　本件製品のフックは、直径約1.5 mmの針金状の金属を左右約1 cmの長さのU字形に成形したものであるが、小さくて手に持ちにくい。また、針金状の金属を成形したものであるため、弾力性のないエッジ等に掛けた場合、荷重が板状のエッジ等に対して点で掛かることになり、装着状態が不安定である。

（フックの位置）

　　フックを掛ける位置が低いため、フックが掛かった部分を目視することは困難であり、また、フックそのものに触って掛かり具合を確認するためには低くかがまなければならないなど、装着状態の確認が困難である。

（ゴムひもの張力）

　　本件製品を正常に装着した状態でのゴムひもの張力は、0.24から0.33 kgf（キログラム重）であり、フックが外れた場合、ゴムひもの張力によって跳ね上がったフックは、勢いよく車両のルーフを超える高さにまで跳ね上がるものであった。

　　以上が、「フロントガラスカバーPL訴訟」の概要である。このほかに、特徴的なPL訴訟事例を以下に取り上げる。

(2)玩具カプセル幼児窒息事件(鹿児島地裁平成 20 年 5 月 20 日判決　判例時報 2015 号 116
　頁)
　①事案概要
　　　当時 2 歳 10 カ月の子どもが、自宅でカプセル入り玩具のカプセル（以下「本件カ
　プセル」という）で遊んでいたところ、本件カプセルを誤って飲み込み、のどに詰ま
　らせて窒息し、低酸素脳症による後遺障害が残った。そこで、子ども本人及びその両
　親が本件カプセル入り玩具メーカーに対し、本件カプセルには設計上及び製造上の欠
　陥があったとして製造物責任法 3 条に基づき損害賠償を求めた。

図 3　玩具カプセルの誤飲（イメージ図）

　②判決概要
　　　判決は本件カプセルの設計上の欠陥を認めた。ただ、両親にも家庭における子ども
　の管理、監督の点で過失があったとし、損害の 3 割の限度で玩具メーカーの損害賠償
　責任を認め、玩具メーカーに約 2,500 万円の支払いを命じた。
　（欠陥のポイント）
　　・ 3 歳未満の幼児でも最大開口量（口が開く大きさ）が 40 mm を超えることは
　　　 珍しくないため、直径 40 mm の本件カプセルは、3 歳未満の幼児の口に入る
　　　 危険性がある
　　・ 本件カプセルを、3 歳未満の幼児が玩具として使用することは、通常予想でき
　　　 る使用方法であった
　　・ そうである以上、誤嚥が生じたときに口腔から取り出しやすいよう、カプセル
　　　 は球体ではなく角形や多角形とし、表面が粗い素材とすべき
　　・ また、誤嚥の際の気道確保のため、カプセルに通気口を開けておく必要がある
　　・ 本件カプセルは ST 基準を満たしていたが、それだけで本件カプセルが十分な

安全性を有していたとはいえない
- ただし、家庭内の事故には一次的に親に責任があり、両親には子どもが誤嚥の可能性のある物で遊んでいたのを漫然と放置していた過失があるため、過失相殺により、両親は発生した損害の3割を玩具メーカーに請求できる

(3) こんにゃくを用いたカップ入りゼリー幼児窒息事件（神戸地方裁判所姫路支部平成 22 年 11 月 17 日判決　判例時報 2096 号 116 頁、大阪高等裁判所平成 24 年 5 月 25 日判決）
　① 事案概要
　　　祖母が冷凍しておいたこんにゃく入りゼリー（以下「本件こんにゃくを用いたカップ入りゼリー」という）を 1 歳 9 カ月の幼児に与え、幼児がこれを食べた際、誤飲して喉に詰まらせ死亡した。この事故について、幼児の両親が、本件こんにゃくを用いたカップ入りゼリーには設計上及び指示・警告上の欠陥があったとして、本件こんにゃくを用いたカップ入りゼリーを製造販売するメーカーに対し製造物責任に基づく損害賠償を求めた事例である。
　　（本件こんにゃくを用いたカップ入りゼリーの形状）
　　・一つ当たりの内容量が 25 g であった
　　・食べる際に押し出せるよう、柔らかいプラスチック製で左右非対称のハート型をしたミニカップ容器に詰められ、上面はフィルム性のふたがされていた。

　　（本件こんにゃくを用いたカップ入りゼリーの警告表示等）
　　・本件こんにゃくを用いたカップ入りゼリーの外袋表面に、横約 11 cm、縦約 3.5 cm の大きさで「こんにゃく」の語を含む商品名が記載されている
　　・本件こんにゃくを用いたカップ入りゼリーには、警告表示として、外袋表面右下隅に横幅約 2.6 cm 縦約 3 cm の大きさで、赤色の「×」印の中に子どもと高齢者が息苦しそうに目をつむっているイラスト（ピクトグラフ）が描かれている
　　・裏面には、横約 6 cm×縦約 5 cm の赤枠内に、「警告」「●お子様や高齢者の方は、のどに詰まるおそれがありますので、食べないでください。」「●お子様の手の届かないところに保管してください。」等の文字が赤色で印字されている
　　・同表示の上には、横約 6 cm×縦約 3 cm の黒枠内に、「召し上がり方」、「容器の底をつまんで押し出して、吸い込まずにお召しあがりください。」との文字が、その旨を示す絵とともに、黒色で印字されていた。
　　・各々のミニカップ容器の上蓋には、「吸い込まずに底をつまみ押し出しよくかんでお召しあがりください」との文字が黒色で印刷されていた。

　② 判決概要
　　（ i ）設計上の欠陥に関する判断
　　　（原告主張のポイント）
　　　　　本件こんにゃくを用いたカップ入りゼリーは、当該製造物が通常有すべき安全

性を欠いており、致命的な欠陥がある。

1) 本件こんにゃくを用いたカップ入りゼリーは、製品の外形や食感・触感が「蒟蒻」とはまったく異なり、一般の消費者は普通のゼリー（柔らかく口の中で容易につぶせる食品）としての認識するのが通常であり、本件こんにゃくを用いたカップ入りゼリーの危険性（通常のゼリーより堅く弾力性があるため口蓋でつぶせず、喉に詰まる可能性がある）までは認識できない。

2) 一口大の大きさのカップに入っており、小さく切って食べることが想定されていない

3) 本件こんにゃくを用いたカップ入りゼリーのミニカップ容器が、本件こんにゃくを用いたカップ入りゼリーを上から落としこんだり、勢いよく吸い出して食べることを容易に想定させる形態になっている。このような形で食べると本件こんにゃくを用いたカップ入りゼリーが勢いよく口の中に入ることになり、一気にのどに達する危険性が高い

4) 一気に気道に達すると気道を塞ぎ、これを取り除くことは困難である

図4　こんにゃくを用いたゼリーを上から落としこんで食べるイメージ図

（裁判所判断）

　設計上の欠陥はないとした。

1)・こんにゃくを用いたゼリーの特性のうち、口蓋と舌でつぶして処理することに困難があり堅さが強くかみ砕きにくいこと、水に溶けにくいこと、冷温では堅さ・付着性が増加することは、こんにゃく自体の特性なので、これらのみで製品の欠陥を認める理由とならない

　・本件こんにゃくを用いたカップ入りゼリーには、上記のとおり包装上に「こんにゃく」と記載されている

・調査会社による調査では、本件こんにゃくを用いたカップ入りゼリーの認知度は9割以上、食感が好きとの回答は約6割であった
・以上の状況から、本件こんにゃくを用いたカップ入りゼリーがこんにゃく由来成分を含み、食感等の点で通常のゼリーと異なることは、一般の消費者が十分認識できた
2)・ミニカップ容器の形状・構造は中身を容易に押し出せるよう配慮されており、上向きや吸い込んで食べる必要がないことは、ミニカップ容器をみれば容易に認識できた。
・上記の調査結果や事故報道による本件こんにゃくを用いたカップ入りゼリーの認知度からすれば、本件こんにゃくを用いたカップ入りゼリーのミニカップが上向き食べや吸込み食べを誘発するとまではいえない。
・本件こんにゃくを用いたカップ入りゼリーによる窒息事故は、食品自体の危険性の問題ではなく消費者による「食べ方」の問題である（成人の健常者が通常の状態で食する場合には問題なし）。

（ⅱ）指示・警告上の欠陥に関する判断
（原告主張のポイント）
1)幼児は表示の意味を理解できない。高齢者は視力・注意力が減退している。
2)表示の位置も、商品を右手で持つとちょうど手で隠れてしまう箇所にある。
3)表示の大きさも小さすぎる。
4)外袋には上記の警告表示があるが、カップ自体には警告表示がない。

（裁判所判断）
以下により、指示・警告上の欠陥もないとした。
1)低年齢の幼児や、視力や注意力の減退が著しい高齢者が自らこんにゃくを用いたカップ入りゼリーを購入することは考え難く、商品の警告表示としては、購入して与える保護者を対象とした表示、又は、少なくとも保護者の保護があるとの前提での表示として不十分かどうかを判断すべきである。
2)ピクトグラフも警告表示も、外袋を一見すればいずれかが当然視野に入る。
3)警告表示は本件こんにゃくを用いたカップ入りゼリーの購入者を対象とし、外袋に警告表示がある以上、カップ容器にこれがないことをもって欠陥とはいえない。

（ⅲ）通常予想される使用形態か
（原告主張）
自分で食べられるまでに成長した幼児に食べ物を与える場合、保護者は終始見守るわけではなく、1歳9ヶ月の幼児に本件こんにゃくを用いたカップ入りゼリーを与えて自分で食べさせたことは、予想可能な一般消費者の使用方法である。

（裁判所判断）
- 本件こんにゃくを用いたカップ入りゼリーには上記の警告表示があった。
- 幼児に本件こんにゃくを用いたカップ入りゼリーを与えた祖母は、自分でも食べたことがあり、その食感を十分知っていた
- ミニカップの上蓋を自分ではがすこともできない幼児に、祖母が蓋を外して渡し、自分から離れたところで幼児に食べさせたままにし、特に幼児に注意を払うこともなかった（食べやすい大きさに加工するなどしていなかった）以上、幼児に対する配慮を欠いていた
- 幼児が本件こんにゃくを用いたカップ入りゼリーを食べるのを保護監督する者は他にいなかった
- このような事故態様は、通常予想される本件こんにゃくを用いたカップ入りゼリーの食べ方とはいえない

(4) 事例からの教訓

　　これまで紹介した事例から、次のような教訓が得られ、企業及び技術者は、製品の設計・製造にあたり、十分に留意する必要がある。

①製品の欠陥を原因とする事故が発生した場合、製造物責任を問われ、法律上の賠償責任を負う可能性がある。

②裁判所の判断のポイントは、主に以下の2点である。
- 　当該製品に「欠陥」があったか。つまり、当該製品が「通常有すべき安全性」を欠いていたか
- 　その結果として、損害が生じたか（欠陥と損害の因果関係）
　　　　裁判における証拠調べや証言に基づき、欠陥ありとされ、損害との因果関係が認められれば損害賠償が認められる。

③これを避けるためには、製品の設計・製造、指示警告の各段階で、リスクの洗い出しと対策を行うことが重要である。以下、各段階において考慮が必要な要素の例を、上記判例に基づいて述べる。なお、以下の要素は一例である。
　　（設計段階）
　　（ⅰ）十分なリスクアセスメント(製品による事故リスクの洗い出しと評価)を行う。

表 2　裁判例にみる製品の特性等と想定されるリスクの例

|  | フロントガラスカバー | 玩具用カプセル | こんにゃくを用いたカップ入りゼリー |
|---|---|---|---|
| 製品の特性 | ・フックを自動車のドア下のエッジにかけて固定する | 直径 40 mm なめらかな球体 | ・堅さが強い、水に溶けにくい、冷温で堅さ・付着性が増加 |
| 使用形態 | ・冬場の夜の使用<br>・装着者がかがみ込んで装着する | 幼児が玩具として使用する | ・ミニカップから中身を押し出して食べる<br>・幼児が大人の監督のもと食べる |
| その他製品にかかる事情 | ・1 回では装着できず、フックを離す<br>・装着状態が不安定<br>・装着状態の確認が困難 | ST 基準を満たす | ・こんにゃくを用いたカップ入りゼリーは一般のゼリーとは食感が異なることは、一般消費者に認識されていた |
| リスク | ・フックによるけが<br>・跳ね上がったフックがボディを傷つける | ・誤嚥による窒息<br>・カプセルが割れて破片でけがをする | ・誤嚥による窒息<br>・上向き食べや、吸込み食べによる窒息リスクの増加 |

（ⅱ）　（ⅰ）を踏まえて、設計上の安全対策を行い、製品による事故リスクを低減させること。

例)フロントガラスカバー：フックの材質・形状・取付け位置の見直し、ゴムひもの張力を弱める

玩具用カプセル：表面を粗くする、多面体とする、通気口を開ける

こんにゃくを用いたカップ入りゼリー：弾力を弱める、クラッシュタイプとする

（指示・警告段階）

　設計上、リスクは極力取除く必要があるが、それでも残る危険については、取扱説明書や製品上の注意喚起（イラストや文字等）などにより、消費者に適切に知らせる必要がある。子どもや高齢者など幅広い年齢層の消費者が利用する製品の場合、誰を対象とした警告とするかは、こんにゃくを用いたカップ入りゼリーに関する判決が「商品の警告表示としては、購入して与える保護者を対象とした表示」として十分かを検討している点が参考になるであろう。

# 4.　業務上過失致死傷罪

　この章では、刑法の業務上過失致死傷害（罪）について学ぶ。刑法は、人が犯罪を行った場合に、国が犯罪を行った者を罰するために刑罰を科す法律であり、これまで説明したような製造物責任法に基づく被害者への賠償責任など民事上の責任とは性質が異なる。

　しかし、例えば、業務上の注意義務を怠り、安全上欠陥のある製品を設計、製造し、これにより事故が発生した場合は、民事上の賠償責任に加えて、犯罪として刑罰を科される場合がある。万一にもこういった事態にならないため、技術者としてどのような点に注意すべきか、しっかり学んでいただきたい。

## 4.1　業務上過失致死傷とは

　日常生活における過失により人を死なせたり、傷つけた場合には、刑法上の罪（過失致死傷罪）に問われるが、業務上の過失により人を死なせたり、傷つけた場合には、より重い罪（業務上過失致死傷罪）に問われることになる。

　これは、業務で行うからには、その業務で通常必要とされる注意義務を果たすことが当然の前提という考え方の裏返しであり、技術者の場合もけっしてその例外ではない。

(1)内容

　　業務上必要な注意を怠ることによって、人を死亡させる又は傷害を負わせる犯罪であり、刑事裁判により有罪となった場合、以下の刑罰を科される。
　　（業務上過失致傷罪の刑罰）
　　　5年以下の懲役若しくは禁錮又は100万円以下の罰金

　　なお、これに対して一般的な過失致死傷の場合の刑罰は以下のとおりであり、業務上過失致死傷罪の方が、刑罰が大幅に加重されている※。
　　（過失致死傷罪の刑罰）
　　　過失致死罪は50万円以下の罰金、過失傷害罪は30万円以下の罰金又は科料（懲役刑はなし）
　　　※業務上過失致死傷罪と同様に過失致死傷に比べ大幅に刑罰が加重されている類型としては、他に自動車運転死傷行為処罰法による過失運転致死傷罪があり、刑罰は以下のとおりとなっている。
　　（過失運転致死傷罪の刑罰）
　　　7年以下の懲役若しくは禁錮又は100万円以下の罰金

(2) 責任の要件

　①業務上であること

　　簡単に言えば、仕事上で繰り返し継続して行っている行為であること

　　（例：製品開発・設計、製造機械や工作機械等の操作、施設の管理・運営など）

　②必要な注意を怠ったこと（＝過失があったこと）

　　その仕事を行う人であれば、通常払うであろう必要な注意を払わずに作業すること

　③上記②の過失と被害者の死亡・傷害に因果関係があること

　　「その過失がなければ死傷するはずがなかった」という因果関係が存在すること

　④人の死亡や傷害という結果が発生していること

## 4.2　訴訟事例

　製品欠陥に関連して業務上過失致死傷罪を問われた事例を紹介する。

(1) ハブ破損に起因したタイヤ脱落による歩行者死亡事件

　（最高裁判所平成 24 年 2 月 8 日決定　判例時報 2157 号 133 頁）

　①事案の概要

　　平成 14 年 1 月某日、自動車メーカーA 社製のトラックが道路を走行中、左前輪タイヤが外れて歩道上の母子ら 3 人に衝突して 1 名が死亡、2 名が傷害を負う事故が発生した。タイヤが外れたのは、フロントホールハブ（トラックの車軸とタイヤ部分を結合するための部品。車体の重さを受止め、車輪を回すという重要な役割を果たす。以下「ハブ」という）が破損したためであった。この事故について、当時の A 社の品質保証部門の部長、グループ長が業務上過失致死傷罪で起訴された。

図 5　ハブ破損に起因したタイヤ脱落（イメージ図）

②判決の概要

　品質保証部長とグループ長それぞれに禁錮1年6月、執行猶予3年が言い渡された。
（理由）
・ハブの破損による事故の発生が予想できたか
　　ハブが走行中に破損すること自体がめったに起きることではないのに、約7年間に16件の同種事案が発生していた以上、当時すでにハブの強度不足のおそれが客観的に認められる状態にあった。そして、品質保証部門に所属する品質保証部長、グループ長はそのことを十分認識していたのであり、ハブの破損による事故が起きることは予想できた。
・結果の発生を防ぐ義務があったか
　　ハブの強度不足のおそれ、予想できる事故の大きさに加え、その当時A社がハブの破損による事故情報を秘匿情報とし、関係する事故情報を一手に把握していたことから、品質保証部門としてはリコール等改善措置を実施してハブの破損による事故を防ぐべき注意義務があった。
・注意義務の違反と本件死亡事故との間に因果関係があるか
　　ハブの破損事故発生状況、この事故を起こしたトラックの整備状況などからすると、A社製のハブには設計又は製作の過程で強度不足の欠陥があったといえる。この事故もハブの強度不足が原因となって起きたのであり、被告人の注意義務違反に基づく事故の危険が現実化したといえるから、因果関係が認められる。

(2) ガス湯沸器の不完全燃焼による死者発生事故に対する刑事事件
　　（東京地方裁判所平成22年5月11日判決　判例タイムズ1328号241頁）
　①事案の概要
　　　平成17年11月、マンションの部屋に設置されていた強制排気式ガス湯沸かし器が、修理業者による不正改造が原因で不完全燃焼を起こし、これにより居住者らが一酸化炭素中毒で死傷した。この湯沸かし器を製造したB社、販売したC社の元社長、B社の元品質管理部長が業務上過失致死傷罪で起訴された。
　　　この事件の特徴は、事故の直接の原因は「修理業者の不正改造」であるが、湯沸器メーカー及び販売者自身の責任が問われた点である。

　②判決の概要
　　　元社長に対し禁固1年6月、執行猶予3年、元品質管理部長に対し禁固1年、執行猶予3年の有罪判決を下した。
　　（理由）
・本件ガス湯沸かし器は、不完全燃焼の原因となる不正改造をしやすい構造になっていた。
　　不正改造を行ったのは修理業者だが、不正改造による事故が繰り返し発生していた（約20年間で13件の一酸化炭素中毒事故が発生し、15名が死亡、14名が

負傷)ことからすると、ガス湯沸器メーカーらが事故防止対策を負う根拠となる。
- 同メーカーら（製造者・販売者）は、上記の事故とその原因に関する情報を入手し、同社品質管理部に集約していた
- 同メーカーは、全国に多数のサービスショップを持ち、ここを通じてユーザーに対し、アフターサービスを提供していたことから、不正改造および事故発生の危険性に関する注意喚起、ガス湯沸かし器の点検・回収を行うことが可能であった。
- 被告人らは、過去の不正改造による事故の発生、不正改造の仕組みと危険性、不正改造の原因となる湯沸かし器の故障の頻度などについて多くを認識していた。
- そうである以上、被告人両名は自らまたは担当者に指示するなどして、注意喚起や点検・回収という措置をとるべき刑法上の注意義務を負う立場にあった。

## (3)温泉施設爆発事故に対する刑事事件
（東京地方裁判所平成 25 年 5 月 9 日判決、東京高等裁判所平成 26 年 6 月 20 日判決 最高裁判所平成 28 年 5 月 25 日決定　裁判所ウェブサイト）

### ①事案の概要
2007 年 6 月、都内の温泉施設でメタンガスによる爆発事故が発生し、従業員 3 名が死亡したほか、通行人 3 名が重軽傷を負った。施設の建設を請け負ったゼネコン D 社の設計者と、施設の保守管理を担当していた会社 E 社（ゼネコンとは別会社）の保守管理の統括者の 2 名を業務上過失致死傷罪が起訴された。

### ②判決概要
（温泉施設の設計について）

本温泉施設で汲み上げる温泉水にはメタンガスが含まれていたため、設計者は、ガスセパレーターでガスを温泉水から分離し、ガス抜き配管により屋外に排出する構造とした。しかし、ガス抜き配管の構造上、適切に水抜きをしないと、結露水がたまり通気が阻害され、メタンガスが逆流して建物内に充満するおそれがあった。このため、設計者はガス抜き配管に水抜きバルブを付けるよう「スケッチ」と言われる書面で図示し、D 社内の説明担当者（E 社に温泉施設の保守管理方法について説明する担当）および下請会社に送付した。

しかし、水抜きバルブは、当初「常開」（常に開けておく）としたが、硫化水素の漏洩等をおそれ、設計者は「常閉」（常に閉じる）に設計変更し、下請会社にその旨伝えた。

設計変更に伴い、
- 定期的にバルブを開いて水抜き作業を行う必要がある
- 水抜き作業を行わない場合、ガス抜き配管が結露して詰まり、メタンガスが逆流して建物内に充満し爆発の危険性が生じることとなった。

設計者はこの危険性を D 社内の説明担当者に直接伝えず、その結果、この危険が E 社に伝わることもなかった。

（裁判所の判断）

　　設計者は禁固 3 年執行猶予 5 年の有罪判決、一方、温泉施設の保守管理者は無罪となった。

【設計者について】

・設計者は、職務上の立場や専門知識から、バルブが閉じられて水抜きがされない場合、メタンガスが逆流し、引火して爆発事故に至ることは予想できた

・バルブを閉じた場合の上記の危険性について、設計者は設計図面等に記載したりD 社内説明担当者や E 社に直接説明するなどして伝達しておく必要があったが、設計者はこれを行っていない。

【保守管理者について】

・施設の安全確保のためにどのような施設を設けるべきかは、専門知識を有するゼネコン D 社が責任を持って判断すべき事項である。

・D 社は安全管理の必要性、方法に関する情報を E 社に提供する必要がある。

・温泉施設に関する専門的知識のない E 社に、設備の安全管理上の危険性等について自ら情報収集を行う義務を課すことはできない。

(4) 事例からの教訓

　　これまで照会した事例を踏まえれば、次のような教訓が得られ、企業及び技術者は、製品の設計・製造にあたり、十分に留意する必要がある。

①製品の欠陥への対応上、重大な欠陥の放置、リコール対応の著しい遅れなどの過失があり、その結果、死亡・傷害事故が発生した場合、関係者が業務上過失致死傷害罪で刑事罰を受ける可能性がある。

②これを避けるためには、次の点が特に重要である。

（ⅰ）第 2 章で紹介した事例における教訓と同様に、開発・設計段階からリスクアセスメントを実施の上、安全対策を実施し、製品リスクを社会的に許容される水準以下に低減すること。

（ⅱ）安全対策を行った上でも残るリスク（残留リスク）について、製品の使用者に適切に伝達すること

（ⅲ）万一、欠陥を認識した場合、被害の発生・拡大を防ぐため、リコール等を含めて迅速に対応すること。欠陥を放置したり、対応が著しく遅れるようなことがあってはならない。

# 5. 労働関係における安全を守る法令

## 5.1 はじめに

　人が生活していく上で、仕事をして収入を得ることは重要な意味を持っている。

　これまで述べてきたように、昔は、権力者（王や殿様）がその場その場で勝手に判断したり命令したりしていたものを、法律を定めて、あらかじめ、やっていいことと、やってはいけないことが定められるようになった。また、多くの国で憲法に基本的人権として自由権が規定され、職業選択や営業が自由となった。さらに、私的自治の原則（契約自由の原則）により、自由にものづくりをしたり売ったりすることができるようになった。当事者間で自由に契約できず、後になって国から処罰されるかもしれないのでは安心して営業できないからである。技術者にとって、法令は自由を守るための必需品と言ってもよい。

　ところが、労働契約については当事者の自由契約だけに委ねていると、衡平性の観点から適当でないことがある。労働はストックできない（時間とともに失われる）から今日の糧を得るために契約内容に不満があっても（賃金が安くても危険であっても）働かざるを得ないことが生じたりするからである。また、実際に働いたことがない就職活動中の学生には、職場の危険性（例えば危ない機械）は分かりにくいから、危険な会社を見分けて就職しないようにするといったことは難しい。

　このようなことから、日本国憲法では、労働条件は国が定めることとしている（第27条第2項）。これは、国が労働者一人ひとりの賃金などを決定するということではなく、最低基準を法律で定めることを意味している。最低基準を決めることは、最低ラインで働く人のためだけにあるのではない。もし、最低賃金法がなければ、賃金水準が低いものから順に賃金水準が低下し、いわゆる底抜けの状態になって多くの労働者が困ることになると言われている。そうなると購買力も低下するから景気の悪化を招くことになる。

　ここでは、安全衛生上、重要な三つの法律「労働基準法」、「労働契約法」、「労働安全衛生法」について、主に、技術者が職長や現場の安全担当者となった場合に必要な"安全を守る法令"について紹介する。

　なお、労働分野で基礎となる法律としては、劣悪な労働条件の排除等を主な内容とする労働基準法、労働者の団結を認め労働組合の健全な発達を促すことを主な内容とする労働組合法、労働関係の公正な調整を図り、労働争議を予防することを主な内容とする労働関係調整法があり、この三つを労働三法という。

## 5.2　労働基準法

　昭和22年に憲法第27条を根拠として制定された。個別的労働関係法に位置づけられる。最低基準を定めるものであるが、刑事的側面（刑罰を背景とした強制法規）と民事的側面（労働契約のルールを規定）の両面を有する。第1条には、労働条件の原則として、「労働条件は、労働者が人たるに値する生活を営むための必要を充たすべきものでなければならないことや、この法律で定める労働条件の基準は最低のものであるから、この基準を理由として労働条件を低下させてはならないこと、その向上を図るように努めなければならないこと。」が規定されている。また、第2条に「労働条件は、労働者と使用者が、対等の立場において決定すべきものであること。労働者及び使用者は、労働協約、就業規則及び労働契約を遵守し、誠実に各々その義務を履行しなければならないこと。」が規定されている。
　このほか、労働条件は明示しなければならないこと（第15条。一定のものは書面の交付を義務付け。）、解雇しようとするときは予告をしなければならないこと（第20条）、労働時間は週40時間を原則として（第32条）時間外労働（いわゆる残業）をさせる場合には法36条に基づく協定や、割増賃金の支払いを要すること（第37条）、年次有給休暇、年少者や妊産婦に対する危険有害業務への就業制限（第62条、第64条の3）、労働災害の補償、就業規則の作成（第89条。安全衛生に関する定めをする場合はこれを含む。）などが規定されている。
　技術者が現場の長などとして労務管理を行う場合には、さらに詳しい知識が求められるが、ここでは割愛する。

## 5.3　労働契約法

　この法律は、労働契約に関する基本的事項を定めることにより、個別の労働関係の安定に資することを目的としている。私法としての性格を有し、裁判例等を成文化して労働に係る民事紛争の解決について予測可能性を高めている。
　労働契約は労働者及び使用者が仕事と生活の調和にも配慮しつつ締結し又は変更すべきものであること、労働者及び使用者は、労働契約を遵守するとともに、信義に従い誠実に権利を行使し及び義務を履行しなければならないことなどが規定されている。また、第5条には、使用者は労働契約に伴い、労働者がその生命、身体等の安全を確保しつつ労働することができるよう、必要な配慮をするものとすること（安全配慮義務）が規定されている。

# 5.4 労働安全衛生法

　主に、技術者が現場の安全担当者となった場合に必要となる事項について紹介する。法令の具体的な要求事項は、業種や企業規模、扱う機械や有害物、作業内容などによって異なることから、詳細を列記することはせずに、概要を紹介するにとどめる。安全管理者等に就いた場合には、業種や扱う有害物等に応じてふさわしいテキストを手元に置くことをお勧めする。

(1) 概要

　　昭和47年に、それまで労働基準法で規定されていた安全衛生部分が独立して制定された。系譜としては明治44年に制定された工場法に求めることができる。労働基準法から独立したのは、労働基準法に基づく最低基準の規制では、産業社会の進展に即応できない状況がみられたことなどによるとされている。

　　構成は以下のとおりである。

　　(ア) 第1章「総則」
　　　　目的、定義、事業者等の責務などを規定

　　(イ) 第2章「労働災害防止計画」
　　　　厚生労働省が労働災害防止計画を策定することを規定

　　(ウ) 第3章「安全衛生管理体制」
　　　　企業の自主的な安全衛生活動を担保するための管理組織を規定

　　(エ) 第4章「労働者の危険又は健康障害を防止するための措置」
　　　　機械器具や設備による危険、爆発性の物等による危険、電気等のエネルギによる危険を防止するための措置を講じなければならないことを規定

　　(オ) 第5章「機械等並びに危険物及び有害物に関する規制」
　　　　機械等の検査、譲渡制限、化学物質の有害性の調査などを規定

　　(カ) 第6章「労働者の就業に当たっての措置」
　　　　安全衛生教育、就業制限などを規定

　　(キ) 第7章「健康の保持装置のための措置」
　　　　作業環境測定、健康診断などを規定。

　　(ク) 第7章の2「快適な職場環境の形成のための措置」
　　　　快適な職場環境の形成のための指針などを規定

　　(ケ) 第8章「免許等」
　　　　免許の交付等について規定

　　(コ) 第9章「安全衛生改善計画等」
　　　　安全衛生改善計画の作成などについて規定

　　(サ) 第10章「監督等」
　　　　危険な機械の設置等に係る計画届、事故報告などについて規定

　　（シ）第 11 章「雑則」
　　　　　法令の掲示等の周知、化学物質に関する事項の掲示等について規定
　　（ス）第 12 章「罰則」
　　　　　両罰規定などについて規定

　以下に、技術者が安全担当者になったときに知っておくべき主な内容（概要）を紹介する。

(2) 目的等（第 1 条）
　　　この法律の目的は、「労働災害の防止のための危害防止基準の確立、責任体制の明確化及び自主的活動の促進の措置を講ずる等その防止に関する総合的計画的な対策を推進することにより、職場における労働者の安全と健康を確保するとともに、快適な職場環境の形成を促進すること。」とされている。基準（＝最低限やるべきこと）を示すとともに、事業者の自主的活動を促進することを示している。つまり、労働安全の主体は事業者であり、国はこれを促進する立場であることを示している。

(3) 用語の定義（第 2 条）
　　（ア）労働災害・・・労働者の就業に係る建設物、設備、原材料、ガス、蒸気、粉じん
　　　　　　　　　　　等により、又は作業行動その他業務に起因して、労働者が負傷し、
　　　　　　　　　　　疾病にかかり、又は死亡すること。
　　（イ）労働者・・・・職業の種類を問わず、事業又は事務所に使用される者で、賃金を
　　　　　　　　　　　支払われる者。（労基法第 9 条）
　　（ウ）事業者・・・・事業を行う者で、労働者を使用するもの。法人の場合は、法人そ
　　　　　　　　　　　のもの。個人企業の場合は事業経営者。両罰規定（122 条）によ
　　　　　　　　　　　り、法人と自然人に刑が科せられる。

(4) 事業者等の責務（第 3 条）
　　　労働安全に関わる以下の者は、各々、次のような責務を有している。
　　（ア）事業者は、労働者を使用する上での責務として、最低基準を守るだけでなく、快
　　　　　適な職場環境の実現と労働条件の改善を通じて職場における労働者の安全と健
　　　　　康を確保するようにしなければならないこと。
　　（イ）機械等の製造者等、建設物の建設者等は、これらの物が使用されることによる労
　　　　　働災害の防止し努めなければならないこと。
　　（ウ）注文者等は安全で衛生的な作業を損なうおそれのある条件を付さないようにし
　　　　　なければならないこと。
　　（エ）労働者は、労働災害を防止するため必要な事項を守るほか、事業者等が実施する
　　　　　労働災害防止に関する措置に協力するように努めること。

(5) 安全衛生管理体制

　　事業者の自主的な安全衛生活動を担保するために、事業場の業種や規模等に応じて次の体制を設ける。（図3参照）

　(ア) 総括安全衛生管理者（法10条）

　　　安全衛生に関する総括的責任者。事業場を統括管理する者があたる。

　(イ) 安全管理者（第11条）

　　　安全に関する技術的事項を管理する者。安全対策、安全教育、災害調査など。

　(ウ) 衛生管理者（第12条）

　　　労働衛生に関する技術的事項を管理する者。労働衛生対策、労働衛生教育、災害調査など。

　(エ) 安全衛生推進者（第12条の2）

　　　安全管理者や衛生管理者を選任する必要がない事業場で選任する。

　(オ) 産業医（第13条）

　　　労働者の健康管理等を行う。

　(カ) 作業主任者（第14条）

　　　危険・有害業務において、労働者の指揮を行う者。高圧室内作業、プレス機械を5台以上有する事業場、型枠支保工の組立て等の作業、特定化学物質を製造又は取り扱う作業などで選任。

　(キ) 統括安全衛生責任者、元方安全衛生管理者、店社安全衛生管理者、安全衛生責任者（第15条～第16条）

　　　下請け混在作業における管理体制

　(ク) 安全委員会（第17条）

　　　労働者の危険の防止に関する基本対策などを調査審議する。

　(ケ) 衛生委員会（第18条）

　　　労働者の健康障害を防止するための基本対策などを調査審議する。

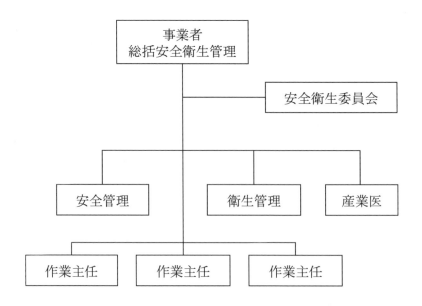

図 6　安全衛生管理体制の例

（法定の管理体制は業種や労働者数で異なる。）

(6) 労働者の危険又は健康障害を防止するための措置

　　労働者の危険又は健康障害を防止するための措置として、以下のような事項が規定されている。取り扱う機械や有害物等に応じて規定されており、ここに記した規定の中から必要な事項を同定し、社内規程を作成して実施することがよい。

　　(ア) 個別の作業等における規制

　　　　① 機械、爆発性の物、エネルギ等に係る危険防止基準（第 20 条）

　　　　② 作業方法及び危険な作業場所に係る危害防止基準（第 21 条）

　　　　③ 有害物、物理的因子、緊張作業、廃棄物等に係る健康障害防止措置（第 22 条）

　　　　④ 作業場に係る危害防止措置（第 23 条）

　　　　⑤ 作業行動に係る危害防止措置（第 24 条）

　　　　⑥ 急迫した危険からの退避措置（第 25 条）

　　　　⑦ 救護措置（第 25 条の 2）

　　(イ) 請負関係に着目した規制

　　　　① 元方事業者の講ずべき措置（第 29 条）

　　　　② 建設業の元方事業者が講ずべき措置（第 29 条の 2）

　　　　③ 特定元方事業者が講ずべき措置（第 30 条）

　　　　④ 製造業の元方事業者が講ずべき措置（第 30 条の 2）

　　　　⑤ 注文者の講ずべき措置（第 31 条〜31 条の 4）

　　(ウ) 管理権限に着目した規制

　　　　① 機械等の貸与者等が講ずべき措置（第 33 条）

② 建築物貸与者が講ずべき措置（第34条）
（エ）リスクアセスメント（第28条の2）

　　　生産工程の多様化・複雑化が進展するとともに、新たな機械設備・化学物質が導入されていること等により、労働災害の原因が多様化し、その把握が困難になっている。このような現状において、事業場の安全衛生水準向上を図っていくため、労働安全衛生法第28条の2第1項において、労働安全衛生関係法令に規定される最低基準としての危害防止基準を遵守するだけでなく、事業者が自主的に個々の事業場の建設物、設備、原材料、ガス、蒸気、粉じん等による、又は作業行動その他業務に起因する危険性又は有害性等を調査し、その結果に基づいて、この法律又はこれに基づく命令の規定による措置を講ずるほか、労働者の危険又は健康障害を防止するため必要な措置を講ずるように努めなければならないことが規定されている。（「危険性又は有害性等の調査等に関する指針（いわゆるリスクアセスメント指針）」）

　　　また、労働安全衛生規則第24条の11により、①建設物を設置し、移転し、変更し、又は解体するとき、②設備、原材料等を新規に採用し、又は変更するとき、③作業方法又は作業手順を新規に採用し、又は変更するとき、④これらのほか、危険性又は有害性等について変化が生じ、又は生ずるおそれがあるときに実施することとされている。

　　　リスクアセスメントの手順は、基本的には、JIS B 9700（ISO 12100）と整合しており、①労働者の就業に係る危険性又は有害性の同定、②危害の重篤度と頻度の見積り、③リスク低減のための優先度の設定及びリスク低減措置の内容の検討、④リスク低減措置の実施の順に行うことが規定されている。

(7)機械等に関する規制（第37条～第54条の6）
　（ア）製造、流通過程に係る規制
　　① 特に危険な機械（クレーン、ボイラなど）に対する規制
　　　製造許可、製造時等検査など
　　② 特定機械以外の機械で危険な機械等
　　　・第三者機関による検定（個別検定、型式検定）
　　　・構造規格の具備（自己宣言）
　（イ）使用に係る規制
　　① 特定機械の検査
　　　落成時検査、性能検査（定期検査）
　　② 定期自主検査、特定自主検査
　　　プレス機械、フォークリフト、絶縁用保護具など
　　③ 構造規格に合致しない機械等の使用禁止
　（ウ）機械の包括的な安全基準に関する指針

　機械による労働災害を防止するためには、安全な機械を安全に使うことが重要であり、メーカーとユーザーで連携して安全方策を講ずることが求められる。2001 年に厚労省から「機械の包括的な安全基準に関する指針」が示された。その後、2005 年の労働安全衛生法の改正（リスクアセスメントの実施）を踏まえて 2007 年に改正された。

　指針に基づく機械の安全方策の主な流れは以下のとおりである（図 7）。

① メーカーによるリスクアセスメント等の実施

　ISO 12100:2010 と同様に、機械の制限に関する仕様を明確にした上でリスクアセスメントを実施し、3 ステップメソッドに基づき、十分に低下したと考えられるまでリスク低減方策を実施する。

　3 ステップメソッドとは、本質的安全設計方策、安全防護及び付加的保護方策、使用上の情報の作成の順に保護方策を策定することをいい、この順番を間違えると、リスクを十分に下げることができなかったり、危険をそのままユーザーに委ねることになってしまう。

② ユーザーに対する危険情報等の提供

　メーカーでは十分に低減できない危険（残留リスク）について、ユーザーに情報提供を行う。労働安全衛生規則第 24 条の 13 において、危険個所や作業に関する情報などを提供することになっている。

③ ユーザーによるリスクアセスメント等の実施

　ユーザーにおいては、メーカーからの情報をもとに、改めてユーザーとしてのリスクアセスメントを実施し、3 ステップメソッドにより保護方策を実施し、労働者に対して作業手順を整備して保護具の着用などの安全教育を実施する。なお、リスクアセスメントの実施は、法第 28 条の 2 及び「危険性又は有害性等の調査等に関する指針」にも適合する。

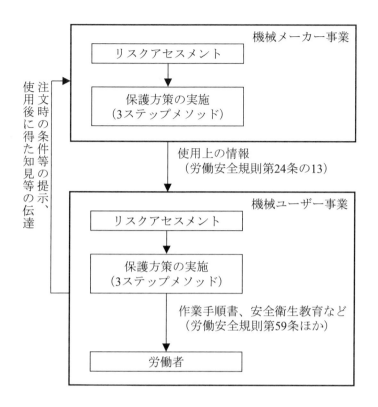

図 7　機械の包括的な安全基準に関する指針に基づく情報の流れ

(8)危険物、有害物に対する規制

(ア)製造等の禁止（第 55 条）

ベンジジンなど特に危険な物質については製造禁止

(イ)製造許可（第 56 条）

ジクロルベンジジンなどについては製造許可を要する。

(ウ)表示等（第 57 条）

名称、人体に及ぼす作用、取扱い上の注意などの表示をする。

(エ)通知等（第 57 条の 2）

名称、物理的及び化学的性質、人体に及ぼす作用、取扱い上の注意、事故が発生
した場合の応急措置などを通知する。

(オ)有害性の調査（第 57 条の 3~57 条の 5）

① 新規化学物質に関する調査

変異原性試験等

② 化学物質のリスクアセスメント

SDS 交付対象の 640 物質についてはリスクアセスメントを義務付け

他の物質についても、努力義務

(9) 労働者の就業にあたっての措置
　　(ア) 安全衛生教育（第 59 条）
　　　　　① 一般的教育・・・就業時、作業変更時
　　　　　　　機械等の危険性、有害性、取扱い方法など
　　　　　② 危険・有害業務の安全衛生教育（特別教育）
　　　　　　　車両系建設機械の運転、産業用ロボットの教示作業等の危険業務など
　　　　　③ 職長教育
　　(イ) 就業制限（第 61 条）
　　　　　　ボイラ整備士、クレーン運転士など
　　(ウ) 設計技術者、生産技術管理者に対する機械安全に係る教育
　　　　　　労働安全衛生規則第 24 条の 13 に基づく危険情報の通知を適正に行うためには
　　　　　機械安全に関する知識が必要であることから、平成 26 年に厚生労働省から、設
　　　　　計技術者、生産技術管理者に対する機械安全に係る教育の実施要領が示された。
　　　　　カリキュラム等は表 3、表 4 のとおり。

表3　設計技術者に対する機械安全教育カリキュラム

| 科目 | 範囲 | 時間 |
|---|---|---|
| 1　技術者倫理 | (1)労働災害、機械災害の現状と災害事例<br>(2)技術者倫理、法令遵守（コンプライアンス） | 1.0 |
| 2　関係法令 | (1)法令の体系と労働安全衛生法の概要<br>(2)機械の構造規格、規則の概要<br>(3)機械の包括安全指針の概要<br>(4)危険性又は有害性等の調査（リスクアセスメント）等に関する指針の概要<br>(5)機械に関する危険性等の通知の概要 | 3.0 |
| 3　機械の安全原則 | (1)機械安全規格の種類と概要（日本工業規格（JIS 規格）、国際規格（ISO 規格、IEC 規格））<br>(2)機械安全一般原則の内容（JIS B 9700（ISO 12100）） | 6.0 |
| | （電気・制御技術者のみ）<br>(3)電気安全規格（JIS B9966-1（IEC 60204-1）） | (5.0) |
| 4　機械の設計・製造段階のリスクアセスメントとリスク低減 | (1)機械の設計・製造段階のリスクアセスメント手順<br>(2)本質的安全設計方策<br>(3)安全防護及び付加保護方策<br>(4)使用上の情報の作成 | 18.0 |
| | （電気・制御技術者のみ）<br>(5)制御システムの安全関連部（JIS B 9705-1（ISO 13849-1）） | (5.0) |
| 5　機械に関する危険性等の通知 | (1)残留リスクマップ、残留リスク一覧の作成 | 2.0 |

合計 30 時間（ただし、機械安全設計に係る電気・制御技術者にあっては 40 時間）

（備考）
1　機械の製造者（メーカー）等の品質保証の管理者についても、上記カリキュラムの内容について、教育を受けることが望ましいこと。
2　機械の製造者（メーカー）等の経営層についても、上記カリキュラムの「1　技術者倫理」及び「2　関係法令」の内容について、教育を受けることが望ましいこと。

表 4　生産技術管理者に対する機械安全教育カリキュラム

| 科目 | 範囲 | 時間 |
|---|---|---|
| 1　技術者倫理 | (1)労働災害、機械災害の現状の災害事例<br>(2)技術者倫理、法令遵守（コンプライアンス） | 1.0 |
| 2　関係法令 | (1)法令の体系路労働安全衛生法の概要<br>(2)機械の構造規格、規則の概要<br>(3)機械の包括安全指針の概要<br>(4)危険性又は有害性等の調査（リスクアセスメント等に関する指針の概要）<br>(5)機械に関する危険性等の通知の概要 | 3.0 |
| 3　機械の安全原則 | (1)本質安全・隔離・停止の原則<br>(2)機械安全規格の種類と概要（日本工業規格（JIS 規格）、国際規格（ISO 規格、IEC 規格）） | 2.0 |
| 4　機械の使用段階のリスクアセスメントとリスク低減 | (1)機械のリスクアセスメントの手順<br>(2)本質的安全設計方策のうち可能なもの<br>(3)安全防護及び付加保護方策<br>(4)作業手順、労働者教育、個人用保護具 | 9.0 |

合計　15 時間

（備考）
1　機械の使用者（ユーザー）の安全担当者についても、上記カリキュラムの教育を受けることが望ましいこと
2　機械の使用者（ユーザー）の経営層や購買担当者についても、上記カリキュラムの「1　技術者倫理」及び「2　関係法令」の内容について、教育を受けることが望ましいこと。

(10)労働者の健康確保対策
　（ア）作業環境測定（第 65 条）
　（イ）健康診断（第 66 条〜第 66 条の 9）
　（ウ）健康保持増進（第 69 条〜第 71 条）

(11)快適な職場環境の形成のための措置（第 71 条の 2〜第 71 条の 4）

(12)計画の届出等（第 88 条）
　（ア）機械の設置等に係る届出
　　　プレス機械、溶解炉、化学設備、ボイラ、クレーン、など
　（イ）大規模建設工事に係る届出

　　高さ 300 m 以上の塔の建設、堤高 150 m 以上のダムの建設、など
（ウ）一定の建設工事等に係る届出
　　最大支間 50 m 以上の橋梁の建設、隧道の建設、など

(13) 労働安全衛生マネジメントシステム
　　労働安全衛生規則第 24 条の 2 に基づいて、事業者が行う自主的活動を促進するための指針（労働安全衛生マネジメント指針）が定められている。
　　労働安全マネジメントシステムとは、事業場において、次に掲げる事項を体系的かつ継続的に実施する安全衛生管理に係る一連の自主的活動に関する仕組みであって、生産管理等事業実施に係る管理と一体となって運用されるものをいう。
（ア）安全衛生に関する方針の表明
（イ）危険性又は有害性等の調査及びその結果に基づき講ずる措置
（ウ）安全衛生に関する目標の設定
（エ）安全衛生に関する計画の作成、実施、評価及び改善

　　自動車産業経営者連盟、日本化学工業協会、日本鉄鋼連盟、建設業労働災害防止協会などの業界団体も積極的に普及を図っている。
　　なお、平成 27 年 6 月に ISO/DIS 45001 が承認されたところであり、近いうちに ISO 規格が制定される予定である。

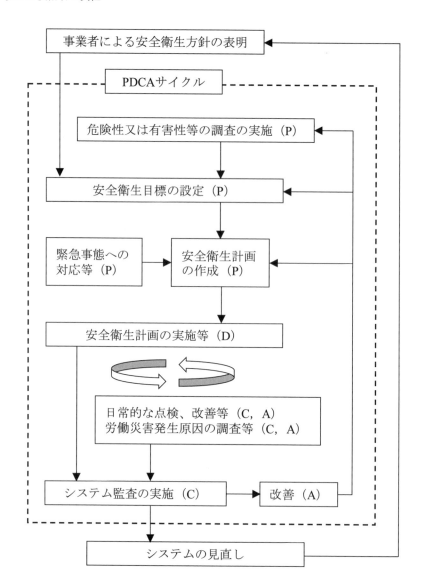

図8　労働安全衛生マネジメントシステムに関する指針の基本的な枠組み

# 6. 技術者の責任と技術者倫理

これまで、製品安全に関して、主に法律上の責任とそのために技術者はどのようなことに注意すべきかという観点で学んできた。

しかし、「はじめに」でもふれたように、企業は広く社会との関係において存在しているのであり、企業もそこで働く技術者も、単に法律を守り法律にふれないようにするだけではなく、幅広く安全を追及していく責任がある。

この章では、法律上だけではなくもっと広い意味で企業、技術者が負っている責任について考える。

## 6.1 企業の社会的責任について

(1) 企業の社会的責任とは

私たち個々の人もそうであるが、企業は、様々なステークホルダーとの関係の中で活動しており、まさに社会との関係の中で存在するものといえる。

株式会社などの私企業は、経済的には利潤を追求する存在であるが、同時に、下図のように広く社会との関係において存在しており、消費者、従業員、取引先企業、株主、監督官庁、地域社会など、様々なステークホルダー（利害関係者）を抱えている。

企業は、これら様々なステークホルダーの期待を把握し、企業のルールや法令ばかりではなく、社会規範を守りながら公正な活動を行うことで、社会の期待に応えることが求められる。

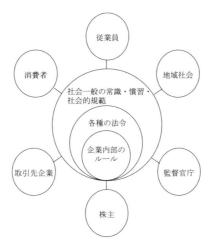

図9 企業と企業を取り巻くステークホルダーとの関係

(2) 社会的責任の国際規格（ISO 26000）

　　企業の社会的責任は図 10 のとおり、組織の社会的責任に関する国際規格である ISO 26000（社会的責任に関する手引き）においても、定義され、社会への貢献、ステークホルダーへの配慮、法令や社会規範の遵守がうたわれている。

（ISO 26000 における社会的責任の定義）

　　組織の決定及び活動が社会及び環境に及ぼす影響に対して次のような透明かつ倫理的な行動を通じて組織が担う責任。
ー健康及び社会の繁栄を含む持続可能な発展に貢献する
ーステークホルダーの期待に配慮する
ー関連法令を遵守し、国際行動規範と整合している

　　以上からわかるとおり、企業の社会的責任は、単なるコンプライアンスや企業倫理にとどまらず、図 10 のとおり、拡がりを持った概念ということができる。

　　すなわち、企業は最狭義の法令（最狭義）、企業倫理（狭義）を遵守するだけでなく、さらには社会的要請（広義）に応えることまで幅広い要請を受けている存在なのであり、社会からの要請を実現できる態勢を構築・運用していくことが企業に求められているといえる。

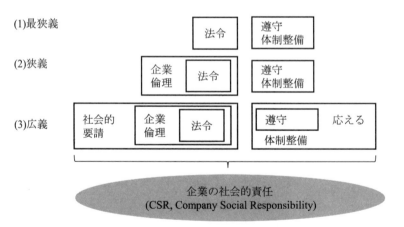

図 10　コンプライアンスと CSR の関係

# 6.2　安全に関する社会的責任

(1) ISO 26000 における安全に関する社会的責任

　　私たち個々の人もそうであるが、ISO 26000 では、主に以下の二つの観点から、製造事業者等が果たすべき「安全」に関する社会的責任についても述べられており、事業者はこれらの達成に向けた体制や仕組みを構築することが求められる。

　　なお、社会的な責任には、「安全」以外にも、例えば環境の保護に関する責任など、複数の側面があるが、本過程の中心テーマである「安全」に注目すると、下記のとおり「労働安全」と「製品（又はサービス）の安全」の追及が2大項目となる。

　① 労働安全に関する責任（**6.4.6 労働慣行に関する課題4「労働における安全衛生」**）
　　・労働条件よって生じる健康被害、職場災害の防止
　　・健康に悪影響を及ぼすリスク・危険から労働者を保護すること　　など
　② 製品安全に関する責任（**6.7.4 消費者課題2「消費者の安全衛生の保護」**）
　　・次の場合を想定し、安全性が確保され、容認できない害を及ぼす危険性のない製品の提供
　　　－ 指示・表示に従った正しい使用
　　　－ 予見可能な誤使用

(2) 安全のために取り組むべきこと

　　事業者が「安全」を追求するために取り組むべきこととして、ISO 26000 において示されている最も重要なエッセンスは次のとおりであり、技術者にはそのために主要な役割を担う、重要な責任があるといえる。

　① リスクアセスメントの実施
　　　製造事業者は、リスクアセスメントに関する国際規格である ISO/IEC Guide 51 に沿い、設計段階において製品の危険性を最小限に抑えるため、予見可能な誤使用を含め、製品によるあらゆる危害の可能性を想定した上で、リスクアセスメント（リスクの洗い出し・評価）を実施すること
　② 「3ステップメソッド」によるリスクの低減
　　　その上で、次の順序でリスクを低減するための対策を行い、製品のリスクを社会的に許容される水準以下に低減させるとともに、残ったリスク（残留リスク）を使用者へ適切に伝達することにより、「説明責任を果たす」ことが求められる。
　　（ⅰ）本質的安全設計
　　（ⅱ）安全防護対策（安全装置など）
　　（ⅲ）使用者への情報提供（取扱説明書、警告ラベルなど）

## 6.3　技術者倫理

　6.1 でも述べたが、企業は法のみならず倫理を遵守し、社会的要請に積極的に応える必要があり、企業に所属する技術者もまた倫理に則り思考し、行動する必要がある。技術者倫理の内容については、様々な団体が規定をおいている。例えば、日本機械学会は日本機械学会倫理規定綱領第 1 条で次のように定める。

「1.　技術者としての社会的責任
　　　会員は、技術者としての専門職が、技術的能力と良識に対する社会の信頼と負託の上に成り立つことを認識し、社会が真に必要とする技術の実用化と研究に努めると共に、製品、技術および知的生産物に関して、その品質、信頼性、安全性、および環境保全に対する責任を有する。また、職務遂行においては常に公衆の安全、健康、福祉を最優先させる。」〔1〕。

　技術者は科学技術に関する専門知識を有し、これを駆使して新しい製品等を生み出す。そして、製品を購入・利用する一般の消費者は、多くの場合そこに使われている技術の知識を持たず、リスクを正確に判断できないまま、売るための広告や専門知識を持たない人の口コミを参考に、自分の趣味・嗜好、経済状態にあう物を購入することになる。現代はインターネット上の口コミ操作すら不可能でない。この状況で、専門家である技術者が消費者を「だます」ことは困難ではない。だからこそ、技術者は法律以前に倫理に則り、「公衆の安全、健康、福祉」を実現するためにすべきことを自ら考え、行動することが求められるのである。

　この技術者倫理に即して行動することについて、具体的事例からみていきたい。

　まず、3 章では民事責任である製造物責任について述べた。製造物責任では、被害者等が製造物によって生じた損害と賠償義務者（例えば製造メーカー）を知ったときから 3 年（人の生命・身体の侵害があった場合は 5 年）が過ぎた場合、また製造業者等がその製品を引き渡した（市場に出した）ときから 10 年を過ぎると、損害賠償を請求することができなくなる。これは、権利の上に眠る者（権利を主張できるのにあえてしない人の意味）は保護しないという法律上の思想や、時間が過ぎ去った後に紛争を起こしても解決が困難という理由による。だからといって製造メーカーは、製品を市場に出して 10 年たったらその製品に対して何の責任もないということにはならないであろう。仮に 10 年、20 年（不法行為の消滅時効）が経過したとしても、その製品が消費者のもとで不具合を生じさせたら、必要に応じて損害賠償や製品回収をすべき場合があろう。これは倫理の問題である。

　また、刑事事件に関し、4.2.（1）で述べた、ハブ破損に起因したタイヤ脱落による歩行者

死亡事件（最高裁判所平成 24 年 2 月 8 日決定）についても検討する。

　この事件では、自動車メーカーA 社の品質保証部門の部長、グループ長が刑事責任を問われた。しかし、自動車造りは品質保証部門だけで成り立つものではなく、設計から製造の工程で技術者が関わる場面が大きいであろう。この事件では、設計などの工程に関わった技術者は訴訟の対象となっていないため、判決からこの事件への技術者の関わりは判然としない。ただ一般論ではあるが、法的な責任が問われないことと倫理的な責任がないことは、イコールではない。法的責任、特に刑事責任は、刑罰という強力な力を持つが故に、社会秩序維持のため必要最小限の範囲で科されるという性質を持つ。

　製品の設計や製造等に携わる技術者は、新技術の開発（新薬による副作用や兵器開発にみられるように、新しい技術が常に人々の安全や健康に資するとは限らない）や企業としての利益獲得のみに心奪われることなく、日々の業務の中で自分の開発した技術やそれを活かした自社製品が顧客や人々の「安全、健康、福祉」に悪影響を与えないか常に考え、仮に危惧を覚えたら上司やしかるべき窓口に報告する、安全な設計や方策を提案するなどの行動に移す、これが技術者倫理の具体化であろう。

参考文献
〔1〕 日本機械学会倫理規定　日本機械学会　http://www.jsme.or.jp/notice36.htm
　　　2015 年 7 月 8 日
　　　以　上

# もっと勉強するために

　本書を基礎に、更に勉強をするための図書を次に掲げる。

(1) 向殿政男：よくわかるリスクアセスメント－事故未然防止の技術－，中災防新書 014，中央労働災害防止協会（2003）

(2) 門脇敏・福田隆文：安全工学最前線　－システム安全の考え方－ (機械工学最前線)－第 1, 2 章，共立出版（2011）

(3) 向殿政男監修，宮崎浩一・向殿政男：安全設計の基本概念－ISO/IEC Guide51（JIS Z 8051），ISO 12100（JIS B 9700）（安全の国際規格），日本規格協会（2007）

(4) 向殿政男監修，宮崎浩一・向殿政男：機械安全－ISO 12100-2（JIS B 9700-2）（安全の国際規格），日本規格協会（2007）

(5) 向殿政男監修，井上洋一・川池薫・平尾裕司・蓬原弘一：制御システムの安全－ISO 13849-1（JIS B 9705-1），IEC 60204-1（JIS B 9960-1），IEC 61508（JIS C 0508）（安全の国際規格），日本規格協会（2007）

(6) 木ノ元直樹：くらしの法律相談 9（改訂第 2 版）PL 法（製造物責任法）の知識と Q&A，法学書院（2009）

(7) 山口厚：刑法入門（岩波新書），岩波書店（2008）

(8) 畠中信夫：労働安全衛生法のはなし，中災防新書（2001）

(9) 小松原明哲：ヒューマンエラー（第 2 版），丸善株式会社（2008）

# 索　引

システム安全入門　Ⓒ 長岡技術科学大学 システム安全専攻　　2016

| 2016 年 8 月 2 日 | 第 1 版第 1 刷発行 |
| 2020 年 2 月 27 日 | 第 1 版第 2 刷発行 |
| 2023 年 4 月 5 日 | 第 2 版第 1 刷発行 |

編　著　者　　長岡技術科学大学
　　　　　　　システム安全専攻

発　行　者　　及 川 雅 司

発　行　所　　株式会社 養賢堂　〒113-0033
　　　　　　　　　　　　　　　　東京都文京区本郷 5 丁目 30 番 15 号
　　　　　　　　　　　　　　　　電話 03-3814-0911 ／ FAX 03-3812-2615
　　　　　　　　　　　　　　　　https://www.yokendo.com/

印刷・製本：星野精版印刷株式会社　　用紙：竹尾
　　　　　　　　　　　　　　　　　　　本文：淡クリームキンマリ 70 kg
　　　　　　　　　　　　　　　　　　　表紙：ベルグラウス T・19.5kg

PRINTED IN JAPAN　　　　　　　ISBN 978-4-8425-0595-4　C3053

JCOPY ＜出版者著作権管理機構 委託出版物＞
本書の無断複製は著作権法上での例外を除き禁じられています。複製される場合は、そのつど事前に、出版者著作権管理機構の許諾を得てください。
（電話 03-5244-5088、FAX 03-5244-5089 ／ e-mail: info@jcopy.or.jp）